Alfred Engeler

Mauer- und Alpensegler

Haupt
NATUR

Mauersegler im Gleitflug
(siehe Seite 61)

Alfred Engeler

Mauer- und Alpensegler

Flugakrobaten ohne Grenzen

Haupt Verlag

Inhalt

Einführung

Vorhergehende Doppelseite:
Mauersegler auf der Jagd.
Im Kehlsack hat er schon
Beute gesammelt.

Seit rund 40 Jahren widme ich mich dem Seglerschutz. Bei dieser Tätigkeit überrascht mich immer wieder, wie viel Sympathie und Interesse diesen Vögeln entgegengebracht wird. Das mag unter anderem damit zusammenhängen, dass sie seit Jahrhunderten als Kulturfolger zum Stadtbild gehören. Aber ebenso sehr dürfte ihre erstaunliche und faszinierende Lebensweise zu ihrer Beliebtheit beitragen, sind doch die Segler mit ihren rasanten Flugkünsten, die sie um unsere Häuser herum demonstrieren, eine auffällige Erscheinung. Ihr wildes Gebaren, das totale Beherrschen des Luftraums vermitteln das Gefühl von Freiheit und Lebensfreude. Wer wünschte sich nicht in manchen Momenten, es ihnen gleichzutun!

Das heutige Wissen über die europäischen Seglerarten ist umfangreich und nimmt Jahr für Jahr zu. Das vorliegende Buch will aus der Fülle der Erkenntnisse die wichtigen und interessanten zu einem Porträt zusammenstellen, das alle Lebensbereiche und insbesondere das Verhalten der Vögel berücksichtigt. Zahlen sind dabei nicht das Wichtigste, und ich habe versucht, sie auf das notwendige Minimum zu beschränken. Wo sie dennoch etwas gehäufter auftreten, habe ich Tabellen eingefügt, damit der Text entlastet und besser lesbar wird. Manche Inhalte können aus Platzgründen nur gestreift werden. Wer in die Tiefe der wissenschaftlichen Erkenntnisse eindringen möchte, dem seien hiermit die entsprechenden Publikationen ans Herz gelegt.

Neben dem theoretischen Wissen sollen aber auch andere Aspekte zum Zug kommen. Segler leben in unseren Breiten in engem Kontakt mit den Menschen, folglich kommt es immer wieder zu Begegnungen. Deshalb werden in manchen Kapiteln praktische Tipps im Umgang mit unseren «Untermietern» eingeschoben.

Schließlich haben viele Jahre der Beobachtung zu persönlichen Erfahrungen und Erlebnissen geführt. Mit illustrierenden Einschüben habe ich daher versucht, den theoretischen Informationen «Leben einzuhauchen» und den Bezug zur Realität zu verstärken, auch und gerade durch das Herausgreifen individueller Beispiele.

Alpensegler und Mauersegler sind in Europa am weitesten verbreitet und am besten erforscht. Deshalb beschäftigt sich das Buch hauptsächlich mit diesen beiden Arten. Sie sind in Erscheinung und Lebensweise sehr ähnlich und unterscheiden sich nur in Einzelheiten. Der inhaltliche Aufbau erfolgt nach sachlichen Themen wie «Fortpflanzung» oder «Verhalten» und nicht nach den Spezies. Artspezifische Unterschiede werden in den Einzelkapiteln dargestellt.

Zur inhaltlichen Vervollständigung gehört es, dass die weiteren in Europa heimischen Arten der Familie vorgestellt werden. Der Fahlsegler ist eine hauptsächlich südeuropäische Spezies, die ihr Brutareal in letzter Zeit langsam gegen Norden ausbreitet. Weißbürzelsegler und Haussegler treten nur in Südwesteuropa auf und sind selten. Porträts dieser drei Arten finden sich in einem eigenen Kapitel.

Im Text werden die Beutetiere der Segler oft als «Insekten» oder «Fluginsekten» bezeichnet. Damit meine ich die Gesamtheit der gefangenen Tiere. Obwohl biologisch gesehen das Nahrungsspektrum auch zahlreiche Arten umfasst, die nicht zu den Insekten gehören, wende ich aus Gründen der Leserlichkeit dieses «Pars pro toto» an.

Mauersegler im Tiefflug über einem Feld. Der leichten Wölbung der Kehle nach zu schließen, ist er auf der Futtersuche für die Jungen.

Verwandtschaft, Beschreibung

Vorhergehende Doppelseite:
Mauersegler im Gruppenflug (Spanien)

Systematik

Die Segler bilden eine vom Erscheinungsbild her recht einheitliche Familie. Die folgende Übersicht zeigt die biologische Einordnung.

Überordnung Apodimorphae
- Ordnung Seglervögel (Apodiformes)
  - Familie Segler (Apodidae), 92 Arten
  - Familie Baumsegler (Hemiprocnidae), 4 Arten
- Ordnung Trochiliformes
  - Familie Kolibris (Trochilidae), 371 Arten
    - Unterfamilie Phaetornithinae: Hermitis
    - Unterfamilie Trochilinae: Typische Kolibris

- Arten der Familie Apodidae in Europa:
- Alpensegler *(Tachymarptis melba)*
- Mauersegler *(Apus apus)*
- Fahlsegler *(Apus pallidus)*
- Weißbürzelsegler *(Apus caffer)*
- Haussegler *(Apus affinis)*

In Europa sind vergleichsweise wenige Vertreter der Seglerartigen zu Hause; viel größer ist die Artenvielfalt in den tropischen und subtropischen Lebensräumen.

Erstaunen mag die verwandtschaftliche Nähe zu den Kolibris. Der amerikanische Ornithologe James Lee Peters stellte als Erster die Segler und die Kolibris in eine Ordnung. Ausschlaggebend waren vorwiegend äußere Merkmale. Sibley & Ahlquist [41] bestätigten mit der Feststellung anatomischer Besonderheiten und durch DNA-Analysen die nahe Verwandtschaft [7, 36].

Beschreibung

Alle Segler der Familie Apodidae haben grundsätzlich ein ähnliches Erscheinungsbild.

Die Geschlechter sind äußerlich nicht voneinander zu unterscheiden. Die Männchen sind im Durchschnitt zwar geringfügig größer, doch kann dies nur durch Messungen nachgewiesen werden.

Bei allen Arten der Familie herrschen Braun, Grau oder Schwarz als Grundfarbe vor. Während die Flügel eher dunkel einfarbig sind, weist das Körpergefieder häufig helle oder ganz weiße Partien oder Bänder auf.

Am auffälligsten sind die langen, schmalen, sichelförmigen Flügel. Der Armflügel ist sehr kurz und besteht aus acht bis elf Federn; den größten Teil der Flügelfläche stellen die zehn außerordentlich langen Handschwingen. Die längste Handschwinge ist ungefähr dreimal so lang wie die längste Armschwinge [7].

Der Schwanz, gebildet aus zehn Federn, ist bei vielen Arten ähnlich wie beim Mauersegler und Alpensegler mittellang und tief gegabelt. Die Gabelung ist in gewissen Flugphasen kaum sichtbar. Andere, etwa die zur Tribus der Stachelschwanzsegler gehörigen Arten, haben eine andere Schwanzform.

Topografie der Segler

Oben: Die Beine sind im Verhältnis zur Körpergröße sehr kurz. Anatomisch sind sie perfekt an das Klettern angepasst (hier ein Mauersegler).

Unten: Am jungen Mauersegler fällt die schützende Federbraue auf. Das Gefieder des Jungvogels hat einen deutlichen Stich ins Grau, und die Schnabelregion ist sehr hell. Gut sichtbar sind die weißen Federsäume. Der Segler, hier schon fast ausgewachsen, wurde vom Autor aufgezogen. Er konnte erfolgreich in die Freiheit entlassen werden.

Stromlinienförmig, ja geradezu «torpedoartig» ist der Körper ausgebildet. Kopf und Rumpf bilden optisch eine Einheit: Im Flug ist der Hals nicht erkennbar. Der dunkel gefärbte Schnabel ist klein und steht nur wenig vor, die Spalte nimmt hingegen die ganze Breite des Kopfes ein.

Die Beine sind kurz. Die vier dunklen, nach vorn gerichteten Zehen sind mit spitzen Krallen ausgestattet.

Eine Federbraue schützt die großen schwarzen Augen.

Im Einzelnen unterscheiden sich die europäischen Seglerarten vor allem durch ihre Größe, Färbung und Stimme.

Der Altvogel ist im Gefieder braunschwarz. Im Flug wirkt das Gefieder ganz schwarz und glänzt im Gegenlicht. Nur der Kehlfleck ist weiß.

Mauersegler

Der Mauersegler *(Apus apus)* hat ein schwarzbraunes Gefieder. Nur ein weißer Kehlfleck hebt sich von der einheitlichen Grundfarbe ab.

Junge Mauersegler sind heller, eher grau, und jede Feder besitzt einen weißlichen Saum. Außerdem ist die Schnabelregion sehr hell gefärbt.

Maße des adulten Mauerseglers [46]

Körperlänge (Schnabel–Schwanz)	im Mittel 176 mm (173–180 mm)	
Flügellänge	im Mittel 176 mm (163,5–183 mm)	
Spannweite	im Mittel 380 mm (400–440 mm*)	* [50]
Gewicht	im Mittel 46 g (43–52 g)	

Links ein erwachsener Mauersegler, rechts ein Alpensegler. Die Größenverhältnisse stimmen einigermaßen: Der Alpensegler hat ungefähr 30 % mehr Spannweite als der Mauersegler (vgl. die Abmessungen in den Tabellen).

Mauersegler rufen vor allem während der Flüge im Schwarm, sehr häufig beim Vorbeiflug an einer Kolonie, aber auch in der Nisthöhle zur Begrüßung des Partners/der Partnerin oder zur Abwehr von möglichen Konkurrenten. Dieser Ruf ist ein schrilles «sriiie, sriiie». Im Nest sind auch andere Laute zu hören. Der Bettelruf der Jungen ist ein fast stimmloses Kreischen oder Fauchen.

Alpensegler

Der Alpensegler *(Tachymarptis melba)* ist dank seiner Größe und Färbung leicht von den anderen Arten zu unterscheiden. Er gehört von seinen Maßen her zu den größten Seglern weltweit.

Das Gefieder ist überwiegend olivbraun. Der weiße Kehlfleck wird vom ebenfalls weißen, großen Bauchfleck durch ein dunkles Band getrennt. Jungvögel wirken eher grau, und auch bei dieser Art hat im Jugendkleid jede Feder einen weißen Saum.

Maße des adulten Alpenseglers (Vogelwarte Sempach und [3])

Körperlänge (Schnabel–Schwanz)	Mittelwert: k. A., 200–220 mm
Flügellänge Männchen	im Mittel 227 mm (220–240 mm)
Weibchen	im Mittel 221 mm (214–230 mm) [7]
Spannweite	im Mittel 560 mm (510–580 mm)
Gewicht	im Mittel 100 g (80–120 g*)

*größere Schwankungen je nach Tageszeit und saisonalen Bedingungen

Die Stimme ist eindeutig und leicht identifizierbar. Der Ruf ist ein Triller, wiederzugeben vielleicht durch «triiiihihihi». Im Nest sind auch andere Laute vernehmbar. Der Warnruf ist ein kurzes, oft wiederholtes «Zieh». Der Bettelruf der Jungen klingt ähnlich wie der des Mauerseglers, ist jedoch lauter.

Verwechslungsmöglichkeiten: Mauersegler und Schwalben

Häufig werden von Laien Mauersegler als «Schwalben» bezeichnet. Das ist nachvollziehbar, haben doch beide ähnliche Körperformen (lange, spitze Flügel, gegabelter Schwanz, kurzer Schnabel mit großer Öffnung, torpedoförmiger Körper) und eine sehr ähnliche Lebensweise. Segler und Schwalben sind jedoch biologisch nicht näher verwandt, ja sie gehören sogar verschiedenen Ordnungen im Vogelreich an: Singvögel (Passeri oder auch Oscines), zu denen die Familie Schwalben (Hirundinidae) zählt, sind eine Unterordnung der Sperlingsvögel (Passeriformes), während die Seglerartigen (Apodiformes) eine eigene Ordnung darstellen. Die Angleichung oder Konvergenz im Äußeren ergibt sich durch die Anpassung an den Lebensraum, sprich: Die Jagd nach Fluginsekten im freien Luftraum führte im Laufe der Evolution zu den oben beschriebenen anatomischen Ähnlichkeiten.

Meist erfolgt die Verwechslung mit Rauch- oder Mehlschwalbe, da diese beiden Arten häufig zusammen mit den Seglern auftreten, Ufer- und Felsenschwalbe hingegen seltener.

Neben den Gemeinsamkeiten gibt es zahlreiche Unterschiede zwischen Seglern und Schwalben. Schwalben sind um einiges kleiner als Mauersegler. Mit einem Gewicht von 16 bis 24 Gramm ist die größte Art, die Rauchschwalbe, höchstens halb so schwer. Der Flug der Segler ist reißender, rasanter. In Gleitphasen ziehen Schwalben des Öfteren die Flügel an den Körper. Bei den Seglern bleiben die Flügel auch in den Gleitphasen stets offen.

Schwalben lassen sich zudem immer wieder auf Drähten, Antennen oder anderen zum Ruhen geeigneten Objekten nieder, Segler tun dies nie.

Im Brutverhalten sind so viele Abweichungen zu vermerken, dass hier nur einige der wesentlichsten erwähnt seien. Grundsätzlich sind Segler Höhlenbrüter, während Mehlschwalben ihre Nester außen an Hauswänden, Rauchschwalben hingegen bevorzugt in Innenräumen von Gebäuden (z. B. Ställen) bauen. Schwalben haben eine viel kürzere Brut- und Nestlingszeit. Segler-Nestlinge besitzen die Fähigkeit, zur Überbrückung längerer Hungerperioden die Körpertemperatur zu senken (Torpor); junge Schwalben sind hingegen ohne Nahrung nur kurze Zeit überlebensfähig. Bei den Schwalben gibt es eine Führungszeit nach dem Ausfliegen während Seglerjunge sofort selbstständig sind.

Der Unterschied zwischen Mauersegler (links) und Rauchschwalbe (rechts) wird hier sehr deutlich. Das wichtigste Merkmal ist die Flügelform und -länge, auch auf größere Distanz gut wahrnehmbar. Der Schwanz der Rauchschwalbe hat stark verlängerte Spieße, und schließlich ist die Färbung sehr unterschiedlich. Die Mehlschwalbe ist hingegen deutlich kleiner, der Schwanz ist weniger gegabelt. Eindeutiges Merkmal ist bei dieser Art der weiße Bürzel.

Verbreitung und Bestandsentwicklung

Vorhergehende Doppelseite:
Ein Schwarm Mauersegler fliegt über dem Dom von Siena.

Mauersegler

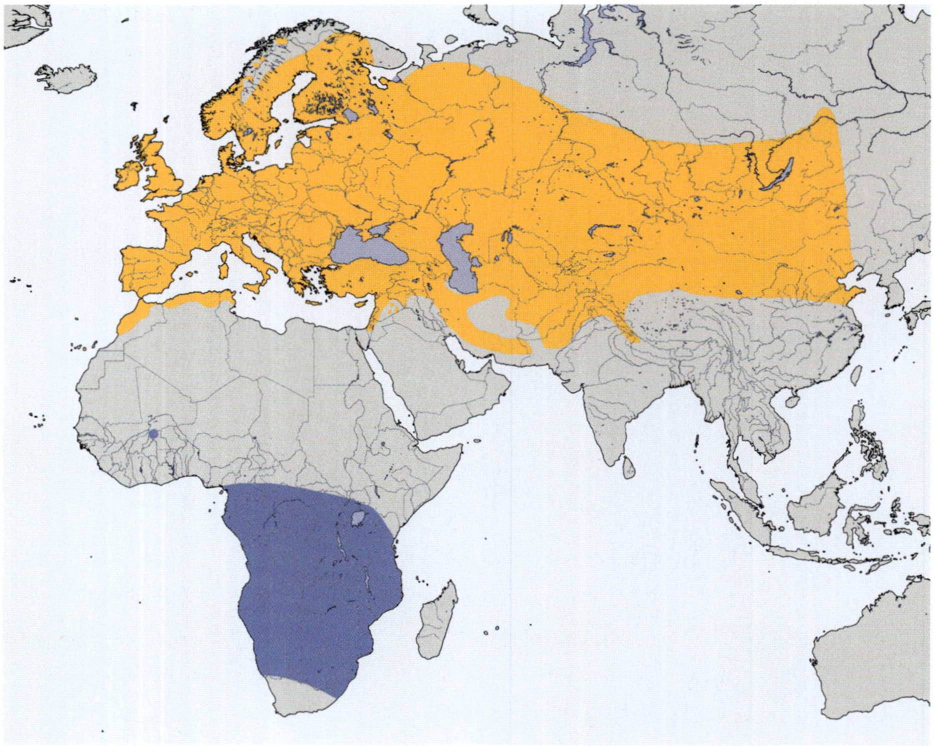

Verbreitung des Mauerseglers

- Brutgebiet (Sommer)
- Winteraufenthalt

Der Mauersegler ist über nahezu ganz Eurasien verbreitet. In Europa kommt die Art flächendeckend vor, nur Gebiete in Nordskandinavien werden gemieden.

Die Überwinterungszone liegt für das gesamte Verbreitungsgebiet im südlichen Afrika. Östliche Segler haben dementsprechend einen wesentlich längeren Zugweg in das Winterquartier.

Lebensraum

Ursprünglich bewohnte der Mauersegler vorwiegend felsige Strukturen, die Nischen, Spalten und Höhlen für den Nestbau boten. In Mitteleuropa gibt es nur vereinzelt Paare in Baumhöhlen, während in Nordskandinavien Baumbruten überwiegen. Schon früh siedelte sich die Art in menschlichen Behausungen an; seit dem Mittelalter ist der Siedlungsraum zum wichtigsten Habitat geworden.

In der Schweiz brütet der Mauersegler «mit einem Schwergewicht in Lagen bis 700 m. Er stößt weit in viele Alpentäler vor (z. B. Juf/Avers [Graubünden, Schweiz] auf 2120 m) und besiedelt auch isolierte Gebäude. Die höchsten Brutplätze befinden sich auf dem Furkapass (Uri, Schweiz) auf 2430 m und dem Berninapass (Graubünden, Schweiz) auf 2310 m» [26].

Bestand

Vor dem Wandel zum Kulturfolger war der Mauersegler in Mitteleuropa wohl selten. Erst die Besiedlung der Dörfer und Städte brachte den Durchbruch zu einer zahlenmäßig bedeutenden Population.

Bestand des Mauerseglers in Zahlen

Gebiet	Anzahl	Jahr	Quelle
Europa	>20 Mio. Brutpaare	um 1950	BirdLife International
Europa	14 Mio. Brutpaare	Ende 20. Jh.	[14]
Europa	6,9–17 Mio. Brutpaare	Ende 20. Jh.	BirdLife International
Welt	95–165 Mio. Vögel	20?? (keine genauen Angaben)	www.avi-fauna.info/segler/segler-familie/mauersegler/ (abgerufen am 13.08.2024)
Schweiz	40 000–60 000 Brutpaare	2013–2016	[26]
Deutschland	185 000–345 000 Brutpaare	2019	www.dda-web.de/voegel/voegel-in-deutschland/Mauersegler/Bestandszahlen (abgerufen am 09.08.2023).

In Europa hat die Art in circa 50 Jahren seit 1950 um ein Drittel abgenommen. In Deutschland (2019) ist der Bestand im Langzeittrend mit minus 26 Prozent stark rückläufig (Nationaler Vogelschutzbericht 2019*), in Großbritannien ist die Zahl innerhalb von zwanzig Jahren sogar um 50 Prozent zurückgegangen [26]. Die Ursachen für diesen Rückgang werden im Kapitel «Gefährdung» dargestellt.

Wo Mauersegler aktiv unterstützt werden, dürfte sich eine positive Entwicklung ergeben, während in anderen Gebieten Europas ohne flächendeckende Schutzmaßnahmen die Bestände weiter abnehmen.

*www.bfn.de/sites/default/files/BfN/natura2000/Dokumente/Nationaler_Vogelschutz_Bericht_2019/Berichtsdaten/Brutvoegel/krbisn_b.pdf (abgerufen am 06.10.2024)

Rechte Seite:
Mauerseglerschwarm über einer Burgruine in Castillo de Turegano, Segovia, Castilla y Leon, Spanien

Alpensegler

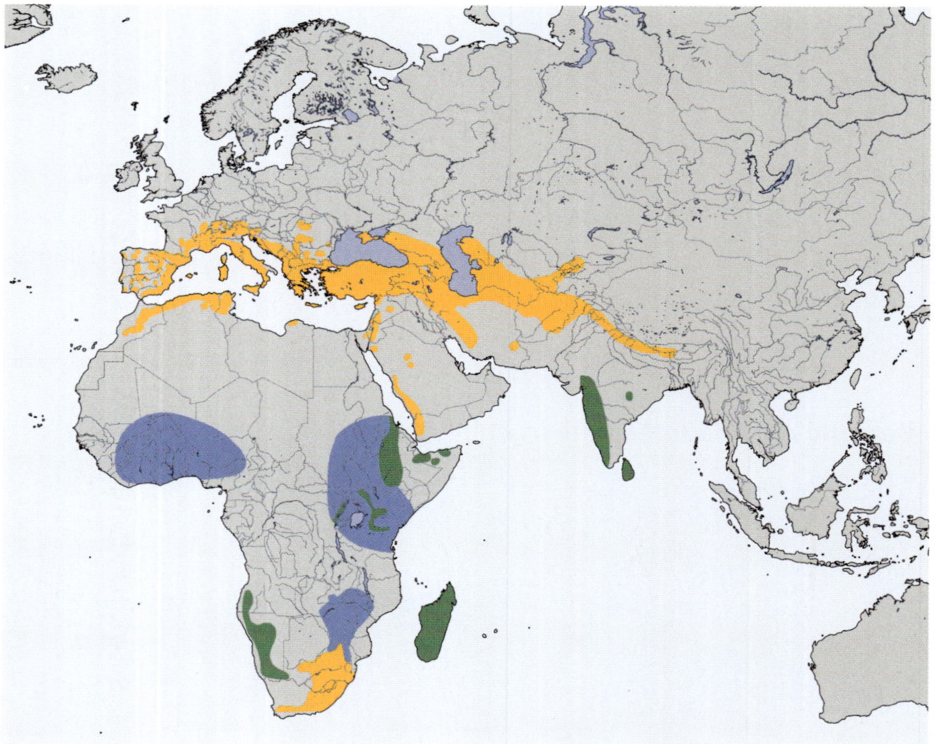

Verbreitung des Alpenseglers

- Brutgebiet (Sommer)
- ganzjährig
- Winteraufenthalt

Der Alpensegler ist eine primär südliche Art. Im östlichen Zentralafrika, auf Madagaskar, in Namibia, in Indien und auf Sri Lanka lebt er ganzjährig (resident), zieht also nicht weg.

Er ist rund um das Mittelmeer anzutreffen. In Nordafrika brütet er in Marokko, Algerien, Tunesien und Libyen, im Nahen Osten in Israel, Syrien, in der Türkei und an der Westküste der Arabischen Halbinsel. In Europa besiedelt er die meisten Küstengebiete im gesamten Mittelmeerraum (ausgenommen die Po-Ebene und Apulien), ebenso die Inseln im Mittelmeer. Ins Festlandinnere ist er vor allem in Spanien, in Frankreich, in der Schweiz, in Österreich, in Süddeutschland und auf dem Balkan vorgestoßen.

Im Osten zieht sich das Verbreitungsgebiet in einem breiten Band über die Krim, das Kaspische Meer, den Iran, Usbekistan und Afghanistan bis nach Nepal.

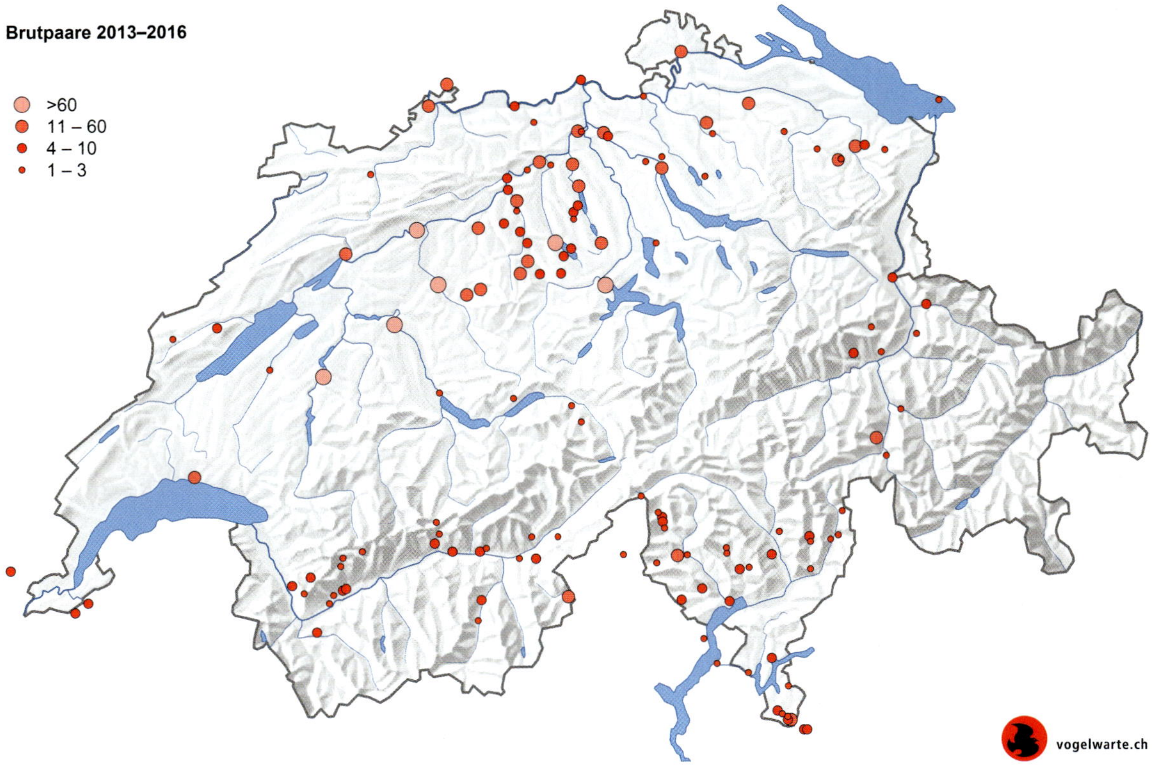

Verbreitung des Alpenseglers in der Schweiz (Schweizer Brutvogelatlas 2013–2016 [26], zVg von der Vogelwarte Sempach)

Im Mittelland zwischen Genfer- und Bodensee und in Basel gibt es fast ausschließlich Gebäudebruten, im Jura und in den Alpen (Berner Oberland, Wallis, Tessin und Graubünden) Felsbruten mit wenigen Brutpaaren.

Seit dem Beginn des 20. Jahrhunderts kam es in Europa zu einer Ausdehnung des Brutareals nach Norden. Städte nördlich des Jura, vor allem im Elsass und in Süddeutschland bis Karlsruhe und Stuttgart, wurden besiedelt. Die Verbreitungsgrenze scheint sich laufend weiter nordwärts zu verschieben.

Verbreitung in Deutschland: Waldshut, Emmendingen, Lörrach, Tuttlingen, Lindau (Bayern), Offenburg, Ettenheim, Lahr, Bühl, Achern, Sasbach (bei Achern), Gundelfingen, Karlsruhe, Sonthofen (Allgäu), Stuttgart (Zusammenstellung nach Recherchen im Internet, Stand August 2024).

Lebensraum

Der Alpensegler bevorzugt Felsküsten und gebirgige Gegenden, gebietsweise ist er jedoch auch im Flachland anzutreffen. Nördlich der Alpen lebt er oft in Siedlungen, so in der Schweiz, im Elsass und in Süddeutschland. Im Allgemeinen brütet er unterhalb von 1500 m ü. M., in Einzelfällen aber auch bis 2200–2300 m. In Turkmenistan findet er sich bis 2500 m, in Afrika auf 4000–4300 m, am Mount Stanley sogar bis auf 4600 m. Im Himalaya jagt er bis 3700 m. [7]

Ein Mauersegler im Abwärtsflug. Bei diesem Flugverhalten werden mühelos hohe Geschwindigkeiten erreicht.

Bestand

Der Bestand des Alpenseglers scheint mehr oder weniger stabil zu sein oder sich positiv zu entwickeln. In Mitteleuropa hat er in den letzten Jahrzehnten zugenommen.

Bestand des Alpenseglers in Zahlen

Gebiet	Anzahl	Jahr	Quelle
Welt	1 000 000–2 499 999 adulte Individuen	2016	www.iucnredlist.org/species/22686774/86109107, (abgerufen am 06.08.2024)
Europa	151 000–327 000 Brutpaare	2015	BirdLife International
Schweiz	1800–2300 Brutpaare	2013–2016	[26]
Elsass und Süddeutschland	350 Brutpaare	2013–2016	[26]

Lebenserwartung, Sterblichkeit

Vorhergehende Doppelseite: Alpensegler. Sehr schön ist der große, weiße Bauchfleck zu sehen. Im Gegenlicht und auf Distanz ist dieses eindeutige Merkmal oft kaum wahrnehmbar.

Unten: Alpenseglerschwarm

Unsicherheitsfaktoren

Es ist relativ schwierig, verbindliche Aussagen zu den Parametern Lebenserwartung, Sterblichkeit und Durchschnittsalter einer Population zu machen. Wechselnde Bedingungen führen immer wieder zu Veränderungen in der Altersstruktur einer Seglerpopulation. Kontrollen eines einzelnen Jahres sind deshalb nur für den gegenwärtigen Zustand einer Kolonie gültig und können nicht verallgemeinert werden. Nachfolgend werden einige Faktoren vorgestellt, die sich auf die erhobenen Daten auswirken können.

Schlechter Bruterfolg über mehrere Jahre und überdurchschnittliche Verluste bei den Brutvögeln verändern die Alterszusammensetzung auch noch in den Folgejahren. Während sich ein einmaliger geringer Bruterfolg auf die Zahl der Brutpaare nicht auswirkt, haben überdurchschnittliche Ausfälle von erwachsenen Seglern Langzeitfolgen. Nach den wetterbedingten Katastrophen vom Herbst 1974 (bis zu 70 % Verluste bei den Alpenseglern) oder Mai 1983 (sehr hohe Verluste bei den brütenden Mauerseglern) dauerte es jeweils mehr als zehn Jahre, bis sich die Bestände erholt hatten [17]. Die Ergebnisse einer Alterskontrolle dürften deshalb nach einer längeren Periode von guten Jahren anders ausfallen als nach einer Reihe von mittelmäßigen bis schlechten Saisons oder nach «Katastrophenjahren» wie oben beschrieben: Die Altersstruktur einer Kolonie wird durch solche Ereignisse entscheidend beeinflusst.

Erfasst werden können außerdem nur beringte Segler, die sich zum Zeitpunkt der Überprüfung im Nistbereich aufhalten. Bei Kontrollen in einer Kolonie sind aber nie alle Vögel anwesend.

Von den im Vorjahr ausgeflogenen Seglern verbringt eine gewisse Zahl den ersten Sommer in Afrika; diese Tiere fehlen natürlich bei der Bestandsaufnahme.
Von den zurückgekehrten trifft nur ein relativ kleiner Teil wieder in derselben Kolonie ein (siehe Kapitel «Verhalten», Abschnitt «Treue der Jungen zur Geburtskolonie»). Da systematische Kontrollen nur an wenigen Standorten durchgeführt werden, entgehen viele nestjung beringte Vögel später einer statistischen Erfassung. Außerdem fliegen die Einjährigen nicht oder nur selten in die Kästen ein (siehe Kapitel «Verhalten»). Ähnliches gilt für die Vögel im 2. Lebensjahr [14].
Von denjenigen, die sich in einer Kolonie zum Nestbau oder Brüten aufhalten, ist ebenfalls je nach Kontrolldatum und Uhrzeit ein Teil abwesend.

Von solchen notgedrungen lückenhaften Kontrollen auf die Gesamtheit der Seglerpopulation zu schließen, beinhaltet demnach einen gewissen Unsicherheitsfaktor. Es ist deshalb nicht verwunderlich, dass verschiedene Studien zu unterschiedlichen Resultaten kommen, die teilweise merklich voneinander abweichen.

Somit ergibt sich die Schlussfolgerung, dass nur über einen langen Zeitraum erhobene Zahlen unter Einbezug vieler Individuen einigermaßen realistisch und aussagekräftig sind.

Die Zahlen in der Grafik zu den Mauerseglern wurden folgendermaßen ermittelt: Die kontrollierten Vögel wurden alle als mindestens einjährige, viele von ihnen als zweijährige Brutvögel beringt. Bei der letzten Kontrolle (lebend oder tot) entsprach ihr Alter folgender Formel: Zeitraum zwischen Beringung und Kontrolle +1–2 Jahre.In der horizontalen Achse repräsentiert die erste Zahl den Zeitraum (in Jahren) zwischen Beringung und letzter Kontrolle. Zur besseren Vergleichbarkeit mit der Grafik auf Seite 33 wurde bei jeder Säule als 2. Zahl das Mindestalter ergänzt. Zum Beobachtungszeitraum gibt es keine Angaben. (nach [46], modifiziert)

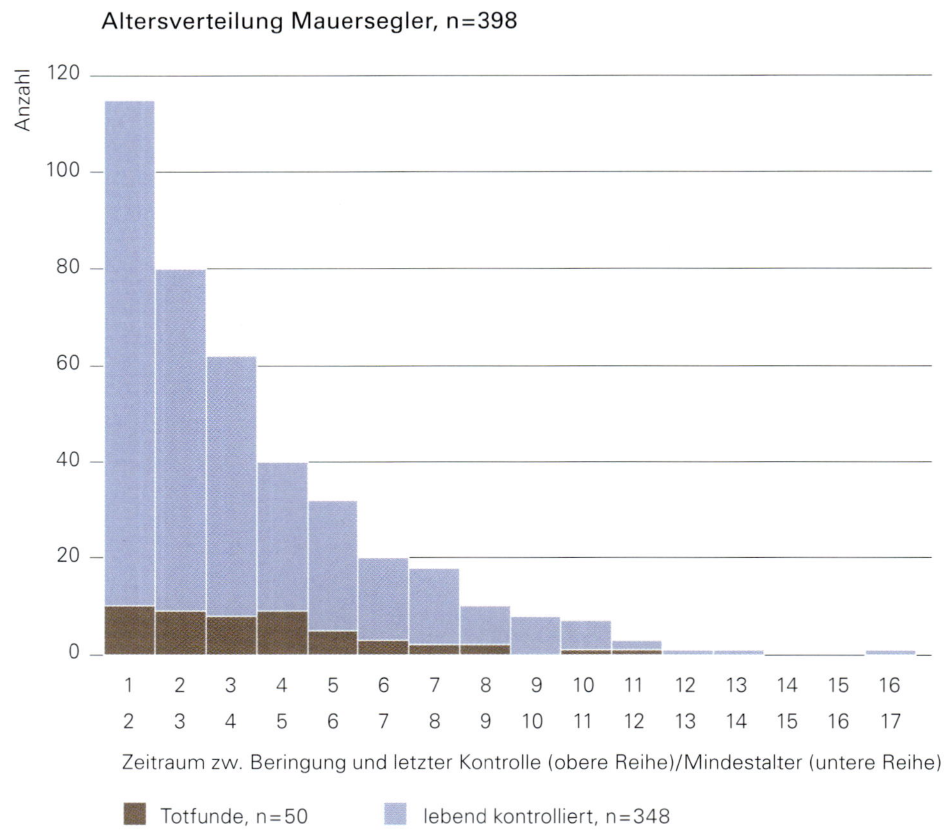

Lebenserwartung, Durchschnittsalter

Die beiden Diagramme auf dieser Doppelseite zeigen die Ergebnisse von Kontrollfängen bei Mauer- und Alpenseglern über einen langen Zeitraum. Die Säulen geben an, wie viele Vögel sich in einem bestimmten Alter befanden, als man sie zum letzten Mal kontrollierte. Wie lange sie danach noch lebten, entzieht sich der Kenntnis der Beobachtenden und kann deshalb nicht berücksichtigt werden. Da sie aber wohl fast ausnahmslos weniger als ein Jahr überlebten, spielt es bei der hier gewählten Einteilung nach Lebensjahren keine Rolle. Bei der in beiden Erhebungen hohen Zahl kontrollierter Individuen lassen sich einigermaßen zuverlässige Rückschlüsse darauf ziehen, welche Altersverteilung eine Seglerpopulation aufweist.

Beim Vergleich der beiden Diagramme sieht man sofort die Ähnlichkeit in der Verteilung der Alterskategorien. Zwar muss bei den Mauerseglern berücksichtigt werden, dass das erste vollendete Lebensjahr nicht dargestellt ist.

Altersverteilung Alpensegler von 1992 bis 2023, n=1261

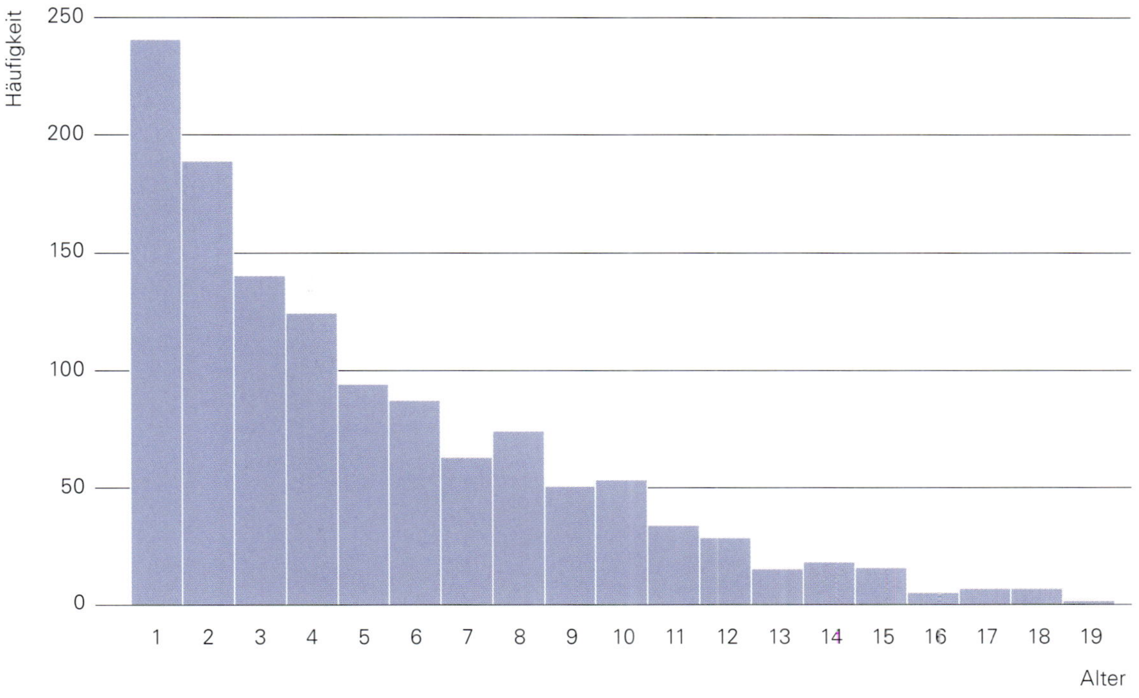

«Die Grafik zeigt die letzte beobachtete Altersschätzung von 1261 Alpenseglern aus den Kolonien Baden (Stadtturm und Landvogteischloss), Biel und Solothurn. Alle Individuen wurden als Nestlinge beringt. Es wird nicht unterschieden zwischen Totfund und lebend kontrollierten Seglern. Jungvögel werden nicht gezeigt. Das mittlere Alter dieser Daten liegt bei 5,0 Jahren, das mediane Alter bei 6,0 Jahren.» (Christoph Meier [54], leicht gekürzt)

Dennoch wird deutlich, dass beide Seglerarten eine ähnliche Altersstruktur aufweisen. Der Verlauf der aus den Säulen gebildeten Kurve ist für beide Arten nahezu identisch, wobei sie bei den Mauerseglern entsprechend der tieferen Altersgrenze etwas steiler nach unten weist. Die jüngsten Generationen sind sehr dominant vertreten. In den ersten 3–4 Jahren nimmt die Zahl der Individuen stark ab. Über die Gesamtpopulation gesehen erleiden diese Altersstufen die größten Verluste. Danach flacht die Kurve ab. Die Segler haben demnach ab dem 4./5. Lebensjahr höhere Überlebenschancen, das heißt, die Sterblichkeit nimmt kontinuierlich ab. Logischerweise ist die Zahl der Individuen in der Altersgruppe über 10 Jahren bei beiden Arten recht hoch. Bei den Mauerseglern sterben bis zum Erreichen der 4. Altersklasse nach der Beringung (d.h. gemäß der Grafik von Weitnauer mindestens 5 Jahre alt) mehr als 50 Prozent der Vögel [46]. Bei den Alpenseglern dürften es etwas weniger sein.

Zur Begriffsklärung: Der Begriff «mittleres Alter» oder «Durchschnittsalter» bezeichnet das arithmetische Mittel des Alters aller Individuen. Mit dem «medianen Alter» ist das Alter gemeint, bei dem genau 50 Prozent der untersuchten Population älter und 50 Prozent jünger sind.

Man kann sich fragen, warum der Mauersegler so dicht an dieser Backsteinmauer vorbeifliegt. Vermutlich ist er in der Nähe seiner Nisthöhle unterwegs.

Die folgende Tabelle fasst Zahlen aus verschiedenen Studien zum Thema Durchschnittsalter und Lebenserwartung zusammen.

Durchschnittsalter und Lebenserwartung Alpen- und Mauersegler

Art	Zeitraum	Spezifikation	Quelle
Mauersegler	4 Jahre	medianes Alter	[17]
	4,7 Jahre	mittleres Alter nestjung beringter Vögel	[46]
	2,4 Jahre	Lebenserwartung flügger Jungvögel	[17]
	4,3–6,2 Jahre	mittlere Lebenserwartung erwachsener Vögel	[17]
	6 Jahre	mittleres Alter	[46]
Alpensegler	3 Jahre	medianes Alter	[17]
	5,6 Jahre	Lebenserwartung (520 nestjung beringte, 222 als Fängling beringte Vögel)	[3]
	5 Jahre	mittleres Alter	[54]
	6 Jahre	medianes Alter	[54]

Bei den Alpenseglern scheint das mediane Alter von Glutz [17] mit 3 Jahren eher zu tief geschätzt worden zu sein (vgl. die Angaben von Meier [54]: 6 Jahre).

Für das relativ hohe Durchschnittsalter der Mauersegler, wie es Weitnauer [46] postuliert, spricht die lange Anlaufzeit bis zur Geschlechtsreife und ersten Brut (mit drei Jahren gemäß Genton & Jacquat [14]). Erst ab dem 4. Lebensjahr sind demnach Vollbruten mit Dreiergelegen zu erwarten. Diese bilden erfahrungsgemäß den größten Prozentsatz der Gelege; folglich muss ein Großteil der brütenden Segler mindestens vier Jahre alt sein.

Nach persönlicher Mitteilung von C. Meier [54] sind Alpensegler ab zwei bis drei Jahren geschlechtsreif. Wie beim Mauersegler brütet der größte Teil im Alter von drei Jahren zum ersten Mal, ebenfalls zunächst mit Zweiergelegen. Ab dem 4. Lebensjahr sind auch sie erfahrene Brüter.

Eigenartig erscheint, dass ein schlechter Bruterfolg einen eher geringen Einfluss auf die Bestände der Folgejahre hat, während eine hohe Ausfallrate bei den Brutvögeln starke Auswirkungen entfaltet. Einen Erklärungsansatz liefert C. Meier [54]: Wegen der hohen Lebenserwartung der Alpensegler braucht es nur wenige neue Brutvögel pro Jahr als Ersatz für gestorbene Tiere. Die Anzahl neuer Brutvögel schwankt an derselben Brutkolonie zwischen 5 und 20 Prozent. «Diese hohen Schwankungen hängen mit dem Futterangebot

Mauersegler unterwegs in einer schönen Abendstimmung

im Schlupfjahr zusammen. Es scheint für Segler normal zu sein, dass es (bezüglich Bruterfolg) gute und schlechte Jahre gibt.» Gleiches gilt sinngemäß auch für den Mauersegler.

Höchstalter, Sterblichkeit

Durch Beringungsfunde wurden folgende Höchstalter bei Individuen festgestellt:

Mauersegler: 21 Jahre [46]
Alpensegler: 27 Jahre und 5 Monate (Ringnachweis, Vogelwarte Sempach)

Kleine Vögel sind im Allgemeinen eher kurzlebig. Tendenziell werden größere Vögel älter. Segler gehören in ihrer Größenkategorie eher zu den langlebigen Ausnahmen. Allerdings erreichen nur wenige Individuen tatsächlich ein so hohes Alter.

Einig ist man sich in Bezug auf beide Arten, dass die Sterblichkeit im 1. Lebensjahr am höchsten ist und danach abnimmt. Die jährliche Sterblichkeit bei erwachsenen Seglern wird vermutlich um oder knapp unter 20 Prozent betragen. In der Tabelle sind einige Forschungsergebnisse zusammengestellt.

Sterblichkeit von Alpen- und Mauersegler nach verschiedenen Quellen

Art	Jährliche Sterblichkeit	Detailangaben	Quelle
Mauersegler	15–19 %	mittlere Sterblichkeit	[33]
	29 %	Sterblichkeit im 1. Lebensjahr	[6]
	12 %	Sterblichkeit im 4. Lebensjahr	[6]
Alpensegler	17,8 %	mittlere Sterblichkeit	[3]
	21–24 %	Sterblichkeit 1. und 2. Lebensjahr	[17]
	20,9 %	Sterblichkeit 3.–7. Lebensjahr	[17]
	78 %	mittlere jährliche Überlebensrate adulter Segler; während der Brutsaison 89 %, während der übrigen Zeit 72 %	[37]

Jahresablauf, Zug

Vorhergehende Doppelseite: Mauerseglerschwarm im Gleitflug

Unten: Mauersegler im Gegenlicht. Die Flügel und der Schwanz wirken beinahe durchsichtig.

Jahresablauf

Der Aufenthalt eines erwachsenen Mauerseglers im Brutgebiet steht fast ausschließlich im Dienst des Brutgeschäfts. Daraus ergibt sich ein dicht gedrängter «Terminkalender». Die Ankunft scheint so gewählt, dass die Aufzucht der Jungen unter den bestmöglichen Bedingungen (Tagestemperatur, Tageslänge, Insektenvorkommen) stattfinden kann. Für Paarbildung, Nestbau usw. steht nur eine kurze Zeit zur Verfügung. Das eigentliche Brutgeschäft mit Brüten (21 Tage) und Aufzucht (42 Tage) nimmt gut zwei Monate in Anspruch, die vier bis fünf Tage für die Eiablage nicht eingerechnet; es beginnt im Allgemeinen zwischen dem 10. und 15. Mai. Wenige Tage nach dem Ausfliegen der Jungen begeben sich die Eltern schon wieder auf den Wegzug. Die ein- und zweijährigen Vögel ziehen bereits wesentlich früher. Dieser schnelle Aufbruch nach dem Ende des Brutgeschäfts ist erstaunlich. Mauersegler scheinen es aus nicht näher bekannten Gründen eilig zu haben, das Brutgebiet hinter sich zu lassen. Für die Forschung ist dies eine der offenen Fragen. Der Herbstzug dauert einiges länger als der Heimzug im Frühling. Im Vergleich mit dem Alpensegler bleibt der Mauersegler wesentlich länger im Winterquartier.

Die ersten Alpensegler treffen schon im Verlauf des März im Brutgebiet ein und haben bis zum Brutbeginn, der mit dem der Mauersegler zusammenfällt, entsprechend mehr Zeit. Diese nutzen sie unter anderem für den Nestbau und die Paarbildung. Brüten (21 Tage) und Füttern (57 Tage) belegen gut zweieinhalb Monate. Hinzu kommen auch hier vier bis fünf Tage für die Eiablage. Die jungen Alpensegler fliegen ungefähr zwei Wochen nach den Mauerseglern aus. Danach bleiben die Brutvögel noch längere Zeit im Brutgebiet. Sie erholen sich von den Anstrengungen des Brutbetriebs und setzen auch die Mauser fort, die schon während der Jungenaufzucht begonnen hatte (siehe dazu den folgenden Abschnitt «Mauser»).

Im Verlauf des Septembers setzt der Wegzug der Brutvögel ein. Dieser kann bis in den Oktober hinein andauern. Nichtbrüter verlassen das Gebiet schon ab Juli.

Jahreszyklus des Mauerseglers (nach [19], modifiziert)

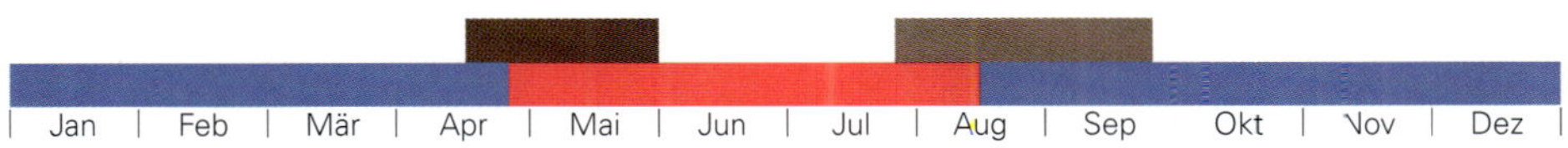

Jahreszyklus des Alpenseglers, Gesamtpopulation (Schweiz) [54]

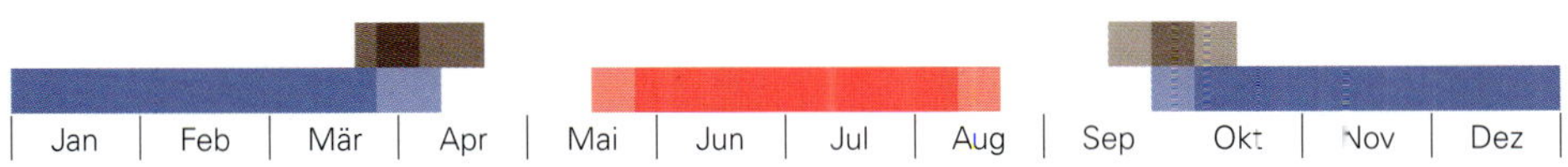

Erläuterung zur Grafik: «Jahresablauf der Alpensegler in der Schweiz für die letzten 10 Jahre, n=214». Die Zugzeit wurde definiert als Zugperiode zwischen Brutgebiet und Saharaquerung bei 23.5° Breite. Die dunklen Flächen geben die medianen Zugzeiten der gesamten schweizerischen Population wieder. Die helleren darunterliegenden Flächen geben die Zugzeiten für 80 Prozent aller Individuen in der Population wieder.

Mitte April/Mai und Mitte August/September sind die Vögel stationär an der Brutkolonie, ohne mit dem Brutgeschäft beschäftigt zu sein. Nicht berücksichtigt wurde die Zeit zwischen der 1. Eiablage und dem Brutbeginn (4–5 Tage links von der roten Fläche) [54].

Die farbigen Vierecke links zeigen den Zug ins Winterquartier (Herbst), diejenigen rechts den Zug ins Brutgebiet (Frühling). Die farbigen Vierecke geben die mittleren Zugdaten (Start, Dauer, Ankunft) wieder. Die horizontalen schwarzen Balken stehen für individuelle Abweichungen (Balken links: Start, Balken rechts: Ankunft). Mit Ausnahme der Türkei beim Herbstzug ziehen die Segler später weg und kommen früher zurück, je südlicher sie leben. [30]

Frühlings- und Herbstzug europäischer Alpenseglerpopulationen

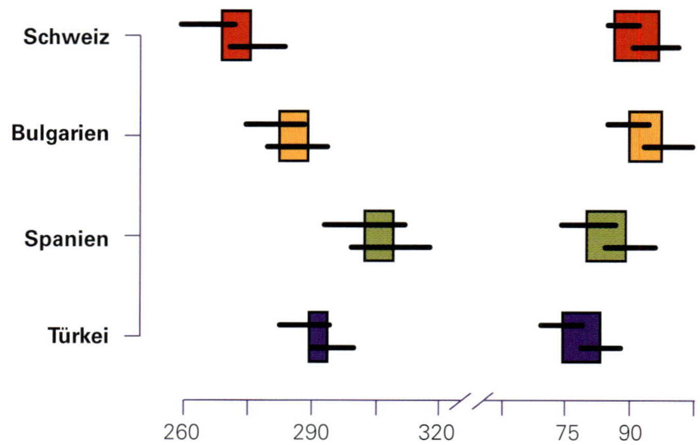

Rechte Seite: Alpensegler mit abgenutztem Federkleid. Vor allem die Armschwingen sind in schlechtem Zustand.

Mauser

Alle Vögel wechseln jährlich ihr Gefieder. Während des Jahres kommt es zu mehr oder weniger starken Abnutzungserscheinungen des Federkleids, sodass nur dessen Erneuerung die vielfältigen Funktionen aufrechterhalten kann. Das ist ein sehr energieaufwendiges Geschehen; die meisten Vögel mausern deshalb nach der Brutzeit in einer Ruheperiode. Segler befinden sich diesbezüglich in einer speziellen Lage: Da sie immer die volle Flugtüchtigkeit behalten müssen, erfolgt vor allem der Wechsel der Schwung- und Steuerfedern über eine längere Zeit hinweg. Dementsprechend ist auch die Brutzeit nicht vom Gefiederwechsel ausgenommen [3].

Am problematischsten sind die langen Handschwingen. Der Flügel ist so aufgebaut, dass die Federn nach außen hin immer länger werden. Die äußersten haben für den Flug eine eminent große Bedeutung. Ihre Erneuerung braucht entsprechend der Länge viel Zeit (die Handschwinge 10 beim jungen Mauersegler hat eine Wachstumsdauer von 35 Tagen). Darum kann es durchaus vorkommen, dass nicht alle Handschwingen im selben Jahr ersetzt werden. Die neue Mauser beginnt in diesem Fall mit den noch unvermauserten Federn und wird danach im normalen Turnus fortgesetzt.

TIPP Die Handschwingen der Mauer- und Alpensegler werden während der Brutzeit stark beansprucht. Die Vögel fliegen beim Nistplatz sehr oft ein und aus, und ein sehr enges oder raues Einflugloch kann den Federn zusetzen. Damit die Abnutzung möglichst gering bleibt, ist vor allem bei künstlichen Nisthöhlen auf eine saubere, glatte Verarbeitung des Lochs zu achten; außerdem müssen die Kanten innen und außen etwas abgerundet sein. Am besten mit Schleifpapier alles glätten!

Jugendmauser

Bei der ersten Mauser wird vor allem das Körpergefieder gewechselt. Anhand des Zustands der Federn kann man deshalb einjährige Vögel gut von den erwachsenen unterscheiden: Die unvermauserten Schwungfedern und das neue übrige Gefieder sind ein eindeutiges Kennzeichen für Jährlinge.

Bei der Jugendmauser der Mauersegler bleiben also die Schwungfedern und ein Teil der mittleren Schwanzfedern erhalten. Das übrige Federkleid

Mauersegler mit abgenütztem Gefieder

wird im Winterquartier gewechselt. Die Mauser ist im Februar/März abgeschlossen.

Beim Alpensegler läuft die Jugendmauser vermutlich ab wie beim Mauersegler. Die äußeren Steuerfedern werden im Winterquartier gewechselt [17].

Jahresmauser

Beim Mauersegler beginnt der Kleingefiederwechsel oft schon im Juli und dauert dann bis Februar. Die Schwingenmauser setzt Mitte August/Anfang September ein und zieht sich über sechs bis sieben Monate hin bis Ende Februar/Mitte März. Gemäß Glutz [17] werden die Schwungfedern beider Flügel gleichzeitig vermausert, aber immer nur ein Handschwingenpaar gleichzeitig.

Alpensegler fangen mit der Kleingefiedermauser im Mai an und vollenden sie erst im Winterquartier. Nichtbrüter beginnen mit der Mauser der Schwingen früher als die Brutvögel. «Die Mauser der inneren Schwungfedern beginnt bereits im Juli, also wenn die Jungvögel noch nicht ganz flügge sind. Der größte Teil der Mauser geschieht tatsächlich nach der Brutsaison und noch vor dem Wegzug, wobei Schwanzfedern und vermutlich auch Körperfedern erst in Afrika gemausert werden.» [54]

Zugverhalten

Genauere Erkenntnisse betreffend Zugverhalten, Zugweg, Aufenthaltsort im Überwinterungsgebiet usw. sind erst in jüngster Zeit durch die Verwendung von Geolokatoren möglich geworden (Beschreibung siehe Kapitel «Forschung»). Etliche derartige Studien befassten sich mit dem Mauersegler, eine aus der Schweiz mit dem Alpensegler. In der Folge wird zuerst das Verhalten des Mauerseglers und anschließend dasjenige des Alpenseglers genauer beschrieben.

Mauersegler

Die folgende Tabelle listet die Studien auf, die der Autor für die Ausführungen zum Zugverhalten berücksichtigt hat.

Studien zum Zugverhalten des Mauerseglers mithilfe von Geolokatoren

Anzahl Vögel	Jahr	Herkunftsort der Segler	Autor
6	2009	Südschweden	[1]
102	2020	Schweden, Finnland, UK, Niederlande, Belgien, Deutschland, Tschechien, Italien, Spanien	[2]
9	2010	Cambridgeshire	[4]
19	2016	Südschweden	[19]
2 (Brutpaar)	2013	Hechtel, Provinz Limburg, Belgien	[24]
10	2012	Gleicher Ort wie unten	[49]
10	2013	Autobrücke nahe der Stadt Olpe (Nordrhein-Westfalen), Auswertung möglich bei 10 Individuen, darunter 3 mit Daten aus beiden Jahren	[49]

Wegzug, Zugroute, Zwischenstopps

Der Wegzug dauert bei den schwedischen Mauerseglern 69 Tage, verteilt auf 30 Tage Zug und 39 Tage Zwischenstopp [1]. Anglo-belgische Populationen erreichen ihr Überwinterungsgebiet südlich der Sahara um den 18. August, während schwedische Segler dort Anfang Oktober ankommen. Im Mittel erfolgt der Wegzug (und auch die Ankunft) von skandinavischen gegenüber mitteleuropäischen und südeuropäischen Vögeln um ungefähr einen Monat später [2]. Immature Vögel und solche, die ihr Gelege verloren haben, verlassen Europa vor den Brutvögeln und treffen entsprechend früh im Überwinterungsgebiet ein [14].

Beispiel: Zugrouten, 2012/2013

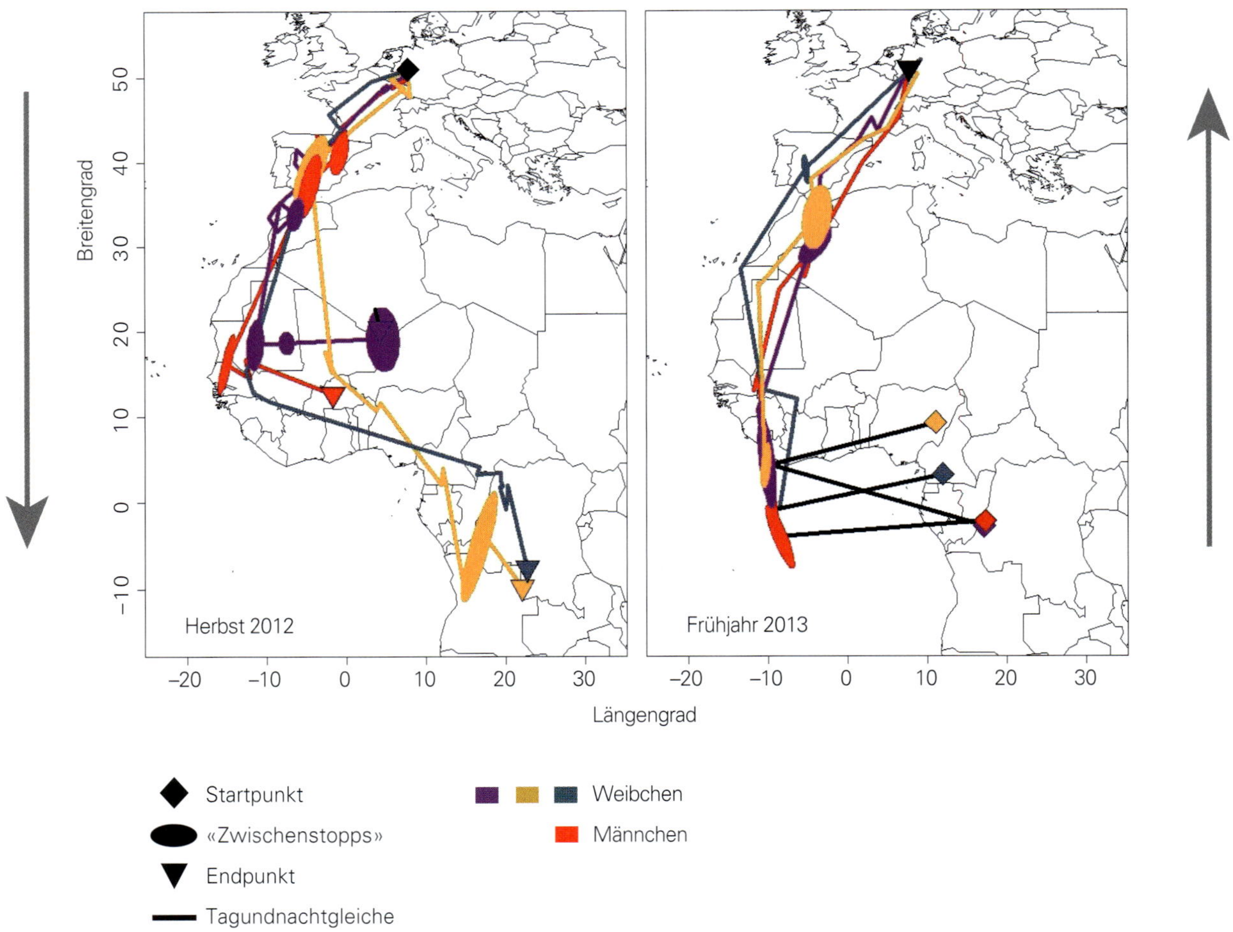

Alle deutschen Vögel wählten als Zugweg Spanien und gelangten über Gibraltar nach Westafrika und weiter zum Kongobecken. Die Zugroute der schwedischen Segler war bei vier Individuen dieselbe, zwei zogen jedoch über Italien oder Griechenland/Italien und Tunesien.

Wichtig sind die Zwischenstationen. Das Einstreuen von solchen Zugpausen zur Ergänzung der Fettreserven unterscheidet sich nicht wesentlich vom Verhalten der meisten anderen Zugvögel. Segler bleiben auch in den Zugpausen im Dauerflug [49].

Übersicht: wichtige «Zwischenstopps»

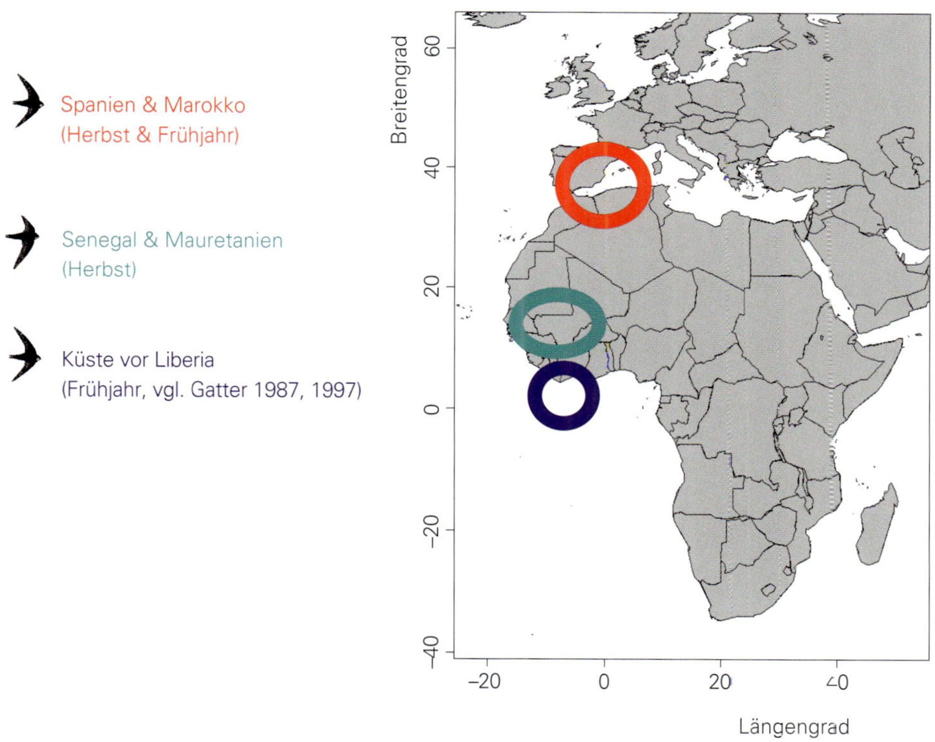

Der hinterste Mauersegler scheint zu rufen. Die anderen werden gleich einstimmen.

Winteraufenthalt

Nördlichere Populationen (Schweden, Finnland) begeben sich weniger weit in den Süden als südlichere Segler (Großbritannien, Mitteleuropa, Spanien, Italien) [2].

Während ihres Afrika-Aufenthalts ziehen die Mauersegler umher, wobei sie sich nach den meteorologischen Gegebenheiten richten und dem Insektenangebot folgen. Obwohl sie meist in kleineren oder größeren Schwärmen unterwegs sind, bleiben sie in dieser Zeit eher schweigsam, und direkte Kontakte zwischen Individuen sind selten [14]. Der Grund für dieses Verhalten ist nicht bekannt. Es macht den Anschein, als ob soziale Interaktionen hauptsächlich im Brutgebiet stattfinden.

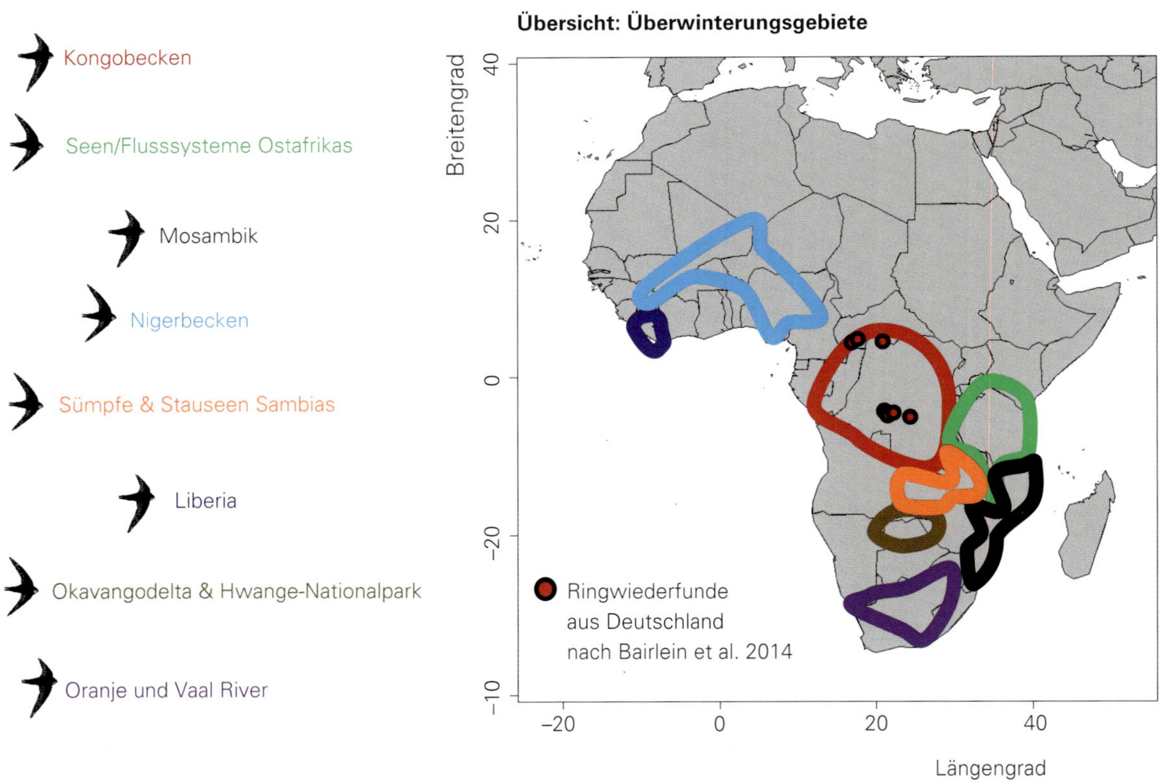

Eine Studie an amerikanischen Schwarzseglern *(Cypseloides niger borealis)*, deren Lebensweise stark derjenigen der Mauersegler gleicht, hat folgende interessante Fakten aufgezeigt: Während der acht Monate außerhalb der Brutzeit verbringen Schwarzsegler die komplette Zeit in der Luft. In Nächten um Vollmond steigen die Vögel in Höhen von 2000 bis 4000 m auf. Dabei lässt sich aus ihrem Flugverhalten schließen, dass sie aktiv jagen. In dunklen Nächten ohne Mondschein fliegen sie in wesentlich tieferen Lagen. Offenbar steht die nächtliche Flughöhe in direktem Zusammenhang mit der Mondhelligkeit. Während einer Mondfinsternis reagierten die Vögel mit einem sofortigen Abstieg auf tiefere Flughöhe. Die Vermutung liegt nahe, dass auch bei Mauerseglern ähnliche Verhaltensweisen vorkommen [20].

Teilweise bleiben die Vögel im gleichen Gebiet, so die schwedischen Mauersegler, die vorwiegend im Kongobecken überwintern, während andere herumziehen und bis nach Südostafrika gelangen (anglo-belgische und deutsche Segler). Die deutschen Populationen halten sich im Verlauf des Winters in verschiedenen Zonen auf. Auch für sie scheint das Kongobecken von Bedeutung zu sein, daneben aber auch die Seen- und Flussregionen Ostafrikas sowie das Nigerbecken [1, 49].

Sowohl Wellbrock [49] als auch Kearsley [24] haben am Beispiel je eines Brutpaars den Nachweis erbracht, dass sich Männchen und Weibchen im Überwinterungsgebiet nicht zwangsläufig gemeinsam am selben Ort aufhalten. Sie können völlig verschiedene Routen und Aufenthaltsgebiete wählen. Beim Paar von Wellbrock zog das Weibchen wesentlich weiter in Richtung Südafrika, das Männchen blieb im Bereich des Kongobeckens oder westlich davon. Das Paar von Kearsley verhielt sich umgekehrt: Das Weibchen blieb weiter nördlich und zog bis an die Ostküste, während das Männchen weit nach Südafrika vorstieß. Ob es die Regel ist, dass Partner im Winterquartier verschiedene Wege gehen, und ob es auch zu gemeinsamen Aufenthalten kommt, bleibt zu untersuchen.

Überwinterung: Brutpaar

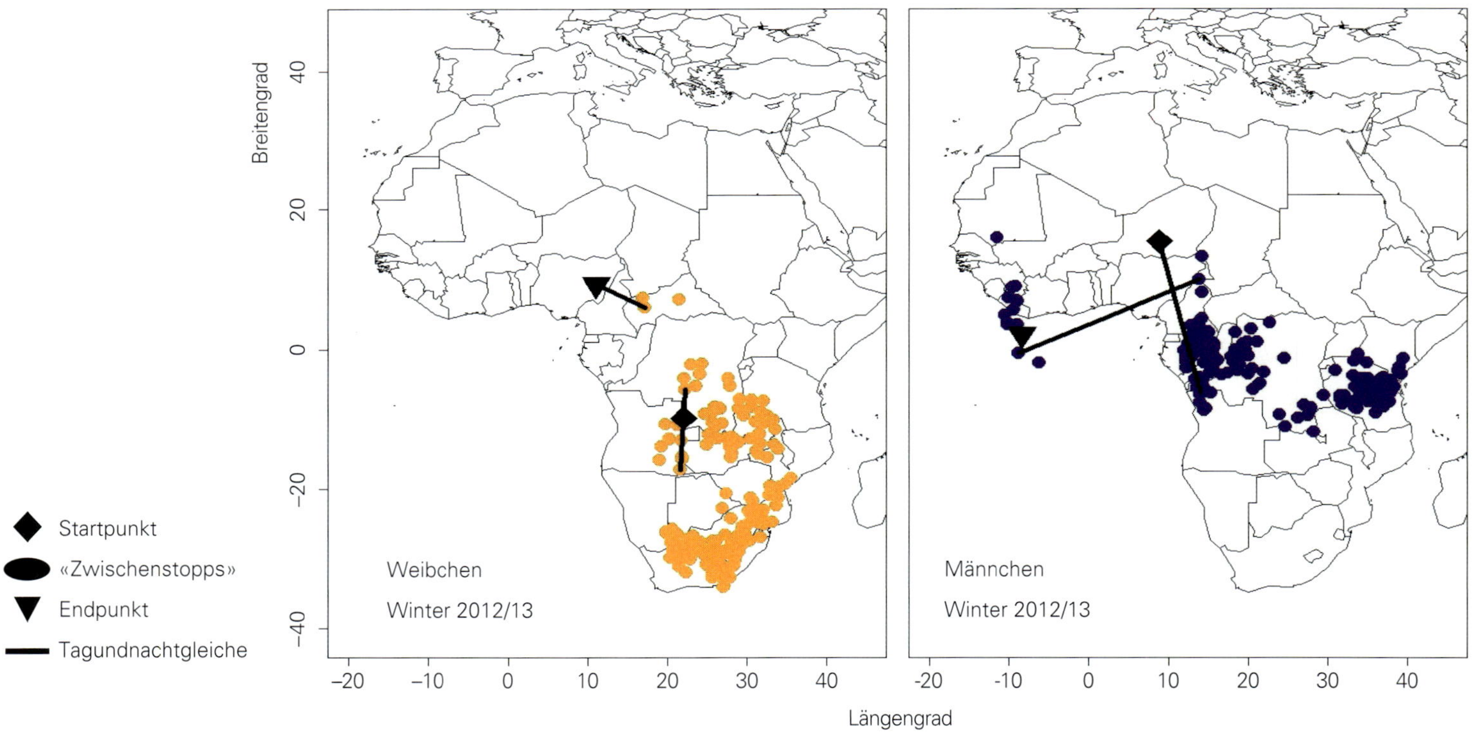

Heimzug

Der Zug ins Brutgebiet beginnt für die europäischen Brutvögel Ende März bis Mitte April. Die Dauer beträgt im Mittel 29 Tage, davon 21 mit Ortsveränderung und acht Tage Zwischenhalt [1, 4]. Der Heimzug geht also viel schneller vonstatten als der Wegzug. Der Unterschied ist hauptsächlich die Folge längerer Zugpausen im Herbst und nicht einer Zunahme der Reisetage [1]. Die Eile kommt wohl einerseits durch hormonell gesteuerte Motivation für den bevorstehenden Brutbetrieb zustande, aber es mag andererseits auch eine Rolle spielen, dass die Vögel nach der Winterpause aufgefüttert und ausgeruht sind, im Gegensatz zum körperlichen Zustand nach der Brutzeit, wo weniger Reserven vorhanden sind.

Die deutschen Mauersegler wählten für den Zug im Frühling dieselbe Route wie im Herbst. Die gleiche Feststellung kann auch für die schwedischen Mauersegler gemacht werden.

Wellbrock hat festgestellt, dass die Segler, die über zwei Jahre beobachtet wurden, individuell große Unterschiede im Zugverhalten und Zugweg aufweisen. Allerdings scheinen sich die Vögel an eine gewählte Route zu halten (drei Individuen, bei denen die Daten in beiden Jahren ausgewertet werden konnten, wählten in beiden Jahren denselben Zugweg). Das lässt vermuten, dass sich die Vögel eine individuelle Zugstrategie aneignen und an dieser dann festhalten [49]. Dasselbe kann auch für die Wahl des Überwinterungsgebietes festgestellt werden.

Mittlere Ankunftszeiten und Aufenthaltsdauer von Mauerseglern im Brutgebiet [14]

Region/Ort	Ankunft	Aufenthaltsdauer in Tagen
Israel/Tel Aviv	Mitte Februar	101
Italien/Livorno	k.A.	106
Südfrankreich	um 10. April	k.A.
Schweiz/Féchy	Ende April	89
Deutschland/Berlin	k. A.	95
England	um 5. Mai	k.A.
Südschweden, Südnorwegen	um 22. Mai	k.A.
Finnland, Helsinki	k.A.	86
Norwegen/Fjord von Trondheim	Anfang Juni	k.A.
Russland/Murmansk	vor 10. Juni	77

Alpensegler im Horizontalflug. Der Körper des Alpenseglers wirkt etwas weniger schlank als der des Mauerseglers.

Die genannten Ankunftsdaten können stark variieren. Erwartungsgemäß zeigt die Tabelle, dass die südlicheren Teile Europas früher erreicht werden. Die mittlere Aufenthaltsdauer in Europa liegt bei 95 Tagen (+/– 3 Tage) [44]. Je nördlicher eine Population beheimatet ist, desto kürzer ist die Aufenthaltsdauer. Dennoch sind die nördlichen Brutvögel auf dem Zug in das Winterquartier im Vergleich zu den mitteleuropäischen wesentlich später unterwegs und treffen mit entsprechender Verzögerung dort ein.

Zugleistung

Gemäß Genton & Jacquat [14] muss von einem Zugweg von insgesamt 12000 Kilometern für die anglo-belgischen Mauersegler ausgegangen werden, darin eingerechnet die bekannten Umwege und sogar die unzähligen Flugmanöver während der Nahrungsaufnahme.

Die Zuggeschwindigkeit beträgt, die Zwischenhalte abgerechnet, im Mittel 469 Kilometer pro Tag im Frühling und 344 Kilometer im Herbst [1]. Ein englischer Mauersegler hat auf dem Heimzug 5000 Kilometer in weniger als sechs Tagen zurückgelegt (Start in Liberia am 5. Mai, Ankunft in Cambridgeshire am 10. Mai) [14]. Im Frühling profitieren die Segler auf der üblichen Heimroute meist von Rückenwind auf dem afrikanischen Kontinent, in Europa haben sie hingegen eher Gegenwind [1].

Alpensegler

Westliche Alpensegler (Spanien) wählen im Herbst den Weg über Gibraltar oder die Balearen. Bulgarische und türkische Vögel überfliegen hingegen das östliche Mittelmeer direkt. Die Schweizer Segler nehmen zum Teil die Route über Gibraltar, aber auch über die Mittelmeerinseln wie Sardinien und Korsika oder über Italien. Neueste Forschungsergebnisse deuten darauf hin, dass Alpensegler die Migration in einem Nonstop-Flug zurücklegen [31]. Sie benötigen für 4000 Kilometer lediglich eine Woche. Der Herbstzug dauert

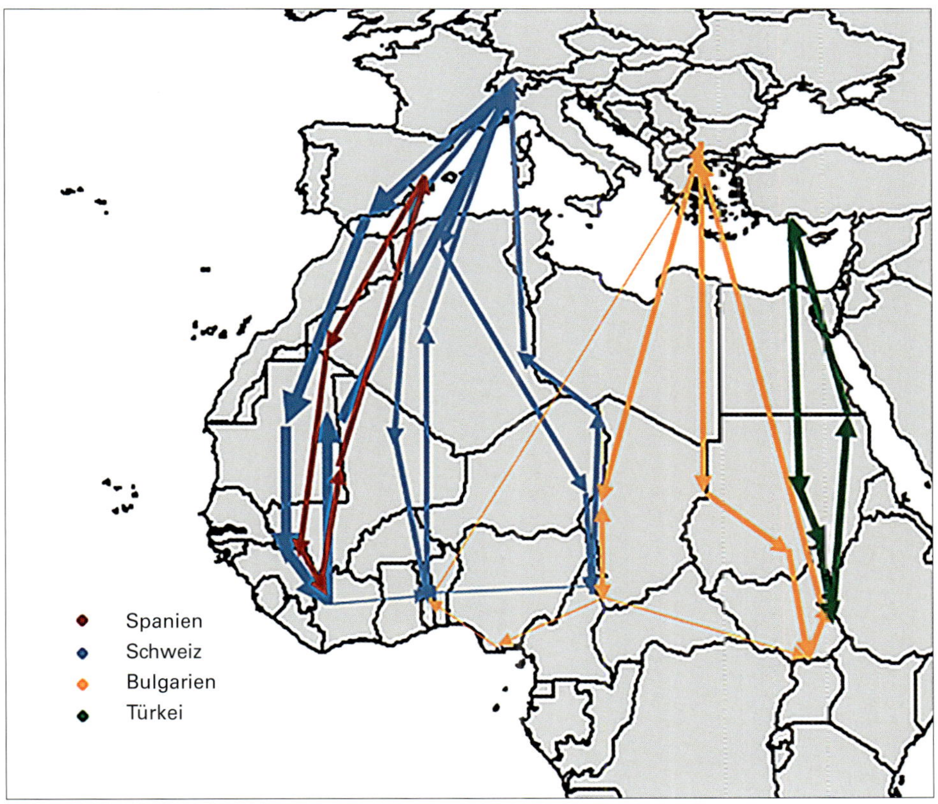

Zugwege und Winterquartiere europäischer Alpensegler [54]

Dubrovnik bei Sonnenuntergang. Ein Schwarm Alpensegler fliegt über der Stadtbefestigung.

neun Tage und erfolgt in höchster Fluggeschwindigkeit. Der Frühlingszug beansprucht acht Tage [31, 54]. Für die Alpensegler gilt wie für die Mauersegler, dass die Zugstrategie (Routenwahl, Zeitpunkt usw.) individuell geprägt ist. Dabei wählt ein Individuum von Jahr zu Jahr mit großer Konstanz die gleiche Zugroute.

Verglichen mit dem Mauersegler zieht der Alpensegler weniger weit nach Süden und hält sich mehrheitlich stationär in immer derselben, klar umrissenen Region auf.

Während sämtliche spanischen Alpensegler in einem einzigen Gebiet überwintern, gibt es bei den Schweizer Seglern eine Verteilung auf mehrere Standorte, zum Teil mit Wechseln. Auch die bulgarische Population scheint sich nicht auf ein einziges Gebiet zu konzentrieren.

Im Überwinterungsgebiet verhalten sich die Alpensegler wie die Mauersegler. Sie steigen bei Sonnenuntergang und -aufgang in höhere Luftschichten auf. Dazwischen bewegen sie sich in tieferen Lagen [31]. Ein noch unerklärtes Phänomen ist das tägliche Aufsteigen in größere Höhen, zum Teil auch tagsüber. Dieses Verhalten ist ebenfalls sehr ausgeprägt während des Zugs zu beobachten. Die größte dabei festgestellte Flughöhe betrug 5115 m ü. M., gemessen über der Sahara [31]. Der Frühlingszug ins Brutgebiet dauert etwas länger als der Herbstzug. Die Flugroute ist bei beiden Ortswechseln ähnlich.

Flug

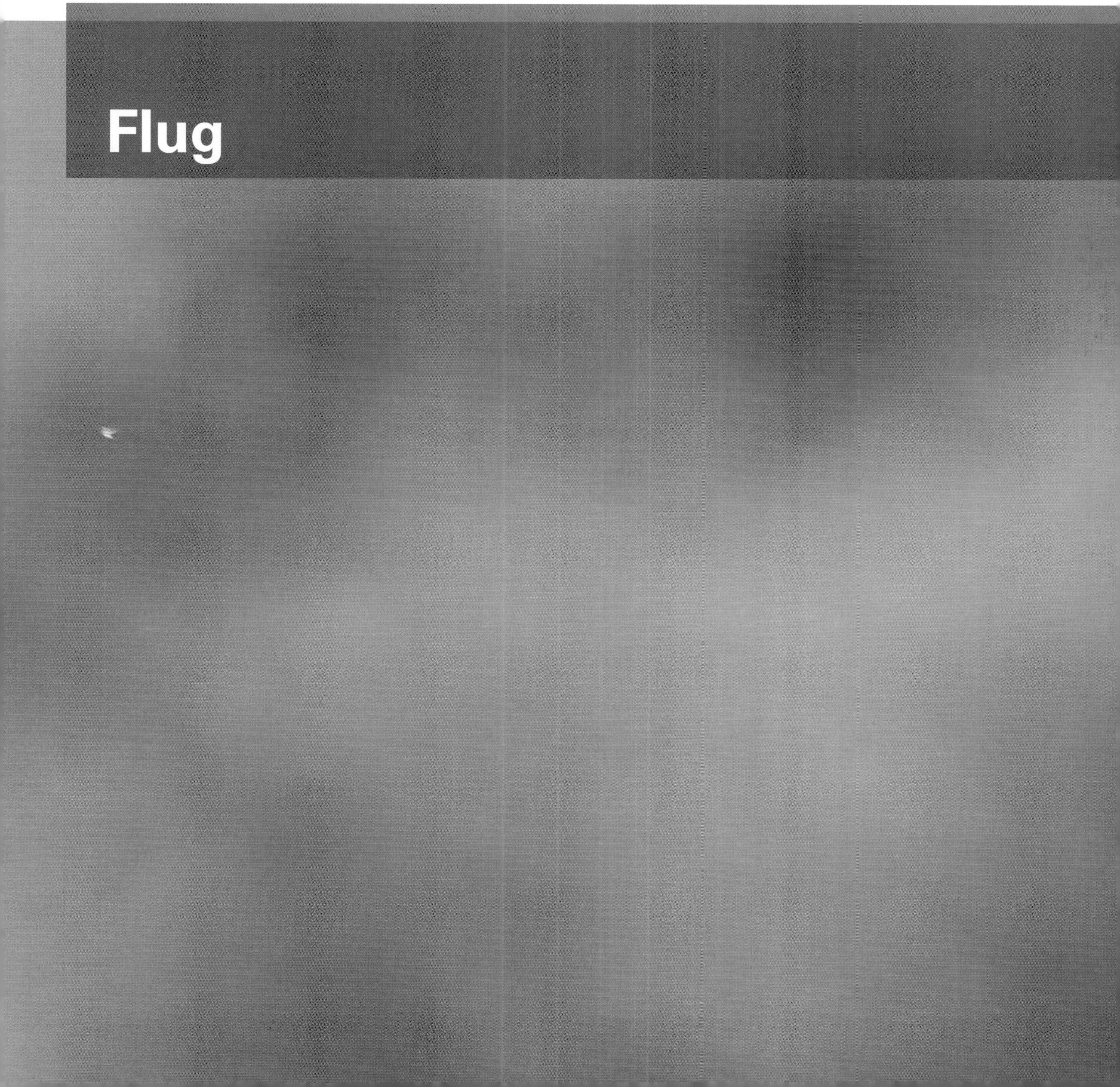

Vorhergehende Doppelseite: Mauersegler kurz vor dem Einfangen eines Insekts. Der Schnabel öffnet sich, und im nächsten Moment wird der Vogel das Augenlid schließen.

Anpassungen an den Lebensraum

Der primäre Lebensraum aller Seglerarten ist der freie Luftraum, man könnte durchaus sagen: Segler erledigen fast alles, was sie zum Leben brauchen, im Flug – außer Eierlegen und Jungenaufzucht, und dies aus begreiflichem Grund. Wie schon bei der Beschreibung der Arten festgehalten, sind die Vögel anatomisch perfekt an diese Lebensweise angepasst. Dasselbe gilt für die physiologischen Leistungen. Die Flugmuskulatur ist auf Ausdauer optimiert, und die Sinnesleistungen übertreffen diejenigen des Menschen zum Teil um ein Vielfaches. So sind Mauersegler in der Lage, 180 Einzelbilder pro Sekunde wahrzunehmen (der Mensch schafft nur 20 Bilder pro Sekunde). Diese Höchstleistung gerade des Gesichtssinns ist bei den rasanten Flugmanövern unabdingbar.

Vor- und Nachteile der Segleranatomie

Wer sich derart spezialisiert wie die Segler, hat große Vorteile, handelt sich aber auch gewichtige Nachteile ein. Die langen, schmalen Flügel erlauben einerseits große Geschwindigkeiten und andererseits ökonomisches Fliegen (siehe folgenden Abschnitt), sie ermöglichen anspruchsvolle Flugmanöver und rasches Reagieren auf die Bewegungen der Beutetiere. Sie sind aber für den Langsamflug schlecht geeignet. Auch beim Start und bei der Landung haben die langen Flügel Nachteile: Ein vertikaler Kraftstart wie bei Tauben ist kaum möglich, ebenso eine Punktlandung nach dem Muster vieler Singvögel. Beim Starten ab Boden sind die langen Flügel im Verbund mit den kurzen Beinen hinderlich (unter einem vergleichbaren Problem leiden zum Beispiel auch die Albatrosse). Es liegt in der Natur der Segler, solchen Einschränkungen etwa durch die Auswahl von günstigen Landeplätzen möglichst aus dem Weg zu gehen.

Ausdauerleistung

Die Anpassung an das Leben in der Luft geht so weit, dass Segler keinerlei Ruhephasen auf festem Boden brauchen. Bei Mauerseglern wurde mithilfe von Geolokatoren nachgewiesen, dass sie zehn Monate ununterbrochen in der Luft verbringen können [19]. Beim Alpensegler stellte man mit demselben Verfahren eine Zeit von 200 Tagen ohne Bodenkontakt fest [27]. Die Messungen wurden an Brutvögeln vorgenommen. Man fing sie am Ende der Brutzeit von den Nestern, um die Chips zu befestigen, und nahm ihnen diese nach der Rückkehr im Frühling wieder ab.

Der Nachweis von so langen Dauerflügen wirft die Frage auf, ob das die obere Leistungsgrenze ist. Dazu seien folgende Überlegungen angestellt:

Die gemessenen Zeiträume ergeben sich aus der Spanne zwischen Wegzug und Wiederankunft im Brutgebiet. Die Brutvögel beziehen «zu Hause» ihre Bruthöhle und widmen sich dem Brutgeschäft. Der Abbruch des Dauerflugs

Die Dynamik in der Bewegung dieses an der Kolonie vorbeifliegenden Mauerseglers ist atemberaubend. Der Vogel setzt bei dem Flugmanöver alle Teile seines Flugapparats ein, um eine enge Kurve zu fliegen.

Unten: Mauersegler im Schlagflug. Die Abwärtsbewegung ist fast abgeschlossen, denn im normalen Flug werden die Flügel nicht bis zum Anschlag durchgezogen. Im Schnabel trägt er eine Feder, die er im Nest verbauen will.

Rechts: Alpensegler im Gleitflug. Gut sichtbar sind die etwas nach unten gebogenen Schwingen.

hängt also mit der Brutaktivität zusammen und geschieht nicht aus physiologischer Notwendigkeit. Die Jungen haben jedoch nach dem Ausfliegen keinen solchen Anlass, sich irgendwo niederzulassen. Erst bei der Besetzung einer Nisthöhle kommt notwendigerweise der Kontakt mit festem Boden zustande, in der Regel nach der zweiten Rückkehr, also zu Beginn des 3. Lebensjahrs (siehe auch Kapitel «Verhalten»). Es ist deshalb anzunehmen, dass sie so bis zu zwei Jahre ununterbrochen in der Luft sind [14]. Dies trifft vor allem auf die Mauersegler zu, während die unverpaarten Alpensegler im Brutgebiet gern Übernachtungsplätze aufsuchen.

Schließlich liegt folgende Vermutung nahe: Wer zehn Monate in der Luft bleibt, kann dies wahrscheinlich auch wesentlich länger durchhalten, oder anders gesagt: Segler sind wohl theoretisch imstande, ihr ganzes Leben in der Luft zu verbringen. Ein Nachweis für längere Dauerflüge wäre noch zu erbringen, zum Beispiel durch die Ausstattung von flüggen Jungvögeln mit Datenloggern.

Nach den – eher vorsichtigen – Berechnungen Weitnauers [46] legte der älteste Mauersegler im Verlauf seiner 21 Lebensjahre 3,9 Millionen Kilometer zurück, also die zehnfache Distanz zwischen Erde und Mond. Dabei ging Weitnauer beim Aufenthalt im Brutgebiet und im Überwinterungsgebiet von 600 km Tagesleistung aus. Für die Zugzeit berechnete er nur den reinen Zugweg von 6700 km Luftlinie (ohne Phasen des Nahrungserwerbs mit Verbleib am gleichen Ort).

Schlagflug und Gleitflug

Der aktive Schlagflug dient in erster Linie der Beschleunigung im Geradeausflug oder im schnellen Abwärtsflug. Auch im Steigflug wird er notwendigerweise eingesetzt, ebenso zur Stabilisierung der Fluggeschwindigkeit, der Flughöhe und der Flugrichtung, vor allem bei Gegen- oder Seitenwind. Einzelne einseitige Flügelschläge leiten bestimmte Flugmanöver ein.

Je nach Absicht des Seglers und der Umgebungsbedingungen ist der Einsatz des Schlagflugs kräftiger oder schwächer und von variabler Dauer. Einige Beispiele mögen das illustrieren: Bei der Verfolgung eines anderen Seglers etwa geht es um das Kräftemessen. Steigflug, enge Kurven usw. stellen dabei höchste physische Anforderungen an den Vogel. Im engen Verband spielender Segler wiederum muss der einzelne seine Position einhalten und dafür blitzschnelle Korrekturen vollziehen. Bei der Jagd dient der Schlagflug schließlich der gezielten Annäherung an eine Beute, häufig in Kombination mit Seitwärts- oder Tauchbewegungen oder einem Wechsel in den Rückenflug.

Die Flügelschlagfrequenz beträgt beim Mauersegler acht bis elf Schläge pro Sekunde, im nächtlichen Flug auf 3000 m Höhe sechs bis sieben Schläge pro Sekunde [14]. Beim Alpensegler ist die Frequenz etwa halb so groß wie beim Mauersegler [3]. Die Schlagphasen dauern meist nicht sehr lange (zwischen 0,5 und 22 s, im Mittel 3,7 s [17]).

Die Flügelstellung im Gleitflug ist fast horizontal, leicht abwärts gebogen. In dieser Flugphase werden die Flügel nicht an den Körper gezogen. Der Gleitflug verläuft leicht abwärtsgerichtet. Oft ist dieses Gleiten mit Kippbewegungen verbunden. Bei Thermik können die Vögel auch segelnd Höhe gewinnen [38]. Im steilen «Sturzflug» sind die Flügel stark nach hinten angewinkelt, um den Luftwiderstand zu minimieren. Die Dauer der Gleitphasen beträgt zwischen 0,5 und 12 Sekunden im nächtlichen Horizontalflug [17].

Schlag- und Gleitflugphasen unterschiedlicher Länge wechseln sich stetig ab.

Geschwindigkeit

Segler lieben die Geschwindigkeit. Der Mauersegler ist in dieser Hinsicht ein Vogel der Superlative. Im horizontalen Schlagflug wurden von schwedischen Forschern maximal fast 112 km/h (31,1 m/s) gemessen [21].

Diese Leistung wird nur von wenigen Lebewesen übertroffen. So soll der in Asien lebende Stachelschwanzsegler eine Spitzengeschwindigkeit von 170 km/h erreichen. Gemäß Vogelwarte Sempach ist aber die Messmethode nicht bekannt, und so gilt der Wert als «nicht belegt». Die brasilianische Freischwanz-Fledermaus (Weibchen 11–12 g schwer) wurde anhand von besenderten Tieren mit 160 km/h gemessen, und dies unabhängig von äußeren Einflüssen wie Rückenwind. (Quelle: Vogelwarte Sempach)

Alpensegler wirken in der Luft etwas behäbiger. Das hängt mit ihrer Körpergröße und -masse zusammen. Unbestreitbar sind die Mauersegler wendiger als die Alpensegler. Dennoch erreichen Letztere höhere Geschwindigkeiten. Laut Arn [3] fliegt der Alpensegler im Normalflug 60 bis 100, im «reißenden Flug» bis 250 km/h. Diese Angaben beruhen auf Schätzungen, auch im direkten Vergleich mit Mauerseglern, wobei beide Arten gleichzeitig beim Durcheinanderfliegen zu beobachten waren. Genaue Messungen liegen offenbar keine vor.

Einige Angaben zur Fluggeschwindigkeit des Mauerseglers

Flugsituation	Geschwindigkeit	Quelle
horizontaler Schlagflug (Höchstgeschwindigkeit)	bis 112 km/h	[21]
Jagdflug	40–60 km/h	[14]
Ortswechsel/Zug	bis 90 km/h	[14]
Zug am Tag	bis 48 km/h	[17]
Zug nachts	42–60 km/h	[17]
maximale Reichweite beim Zug bei …	32 km/h	[17]
geringster Energieaufwand bei …	18 km/h	[17]
Gleitflug	18–50 km/h	[17]
Kraftflug	40–101 km/h	[17]
nächtlicher Schlafflug	20–30 km/h	[46]
Anflug ans Nest	70 km/h	[14]
Sturzflug mit angelegten Flügeln, Flugspiele	150–200 km/h	[17]

Die Angaben von Glutz [17] wurden von m/s in km/h umgerechnet und gerundet.

Flughöhe

Die Flughöhe der Segler variiert stark. Für den Mauersegler beträgt sie im Allgemeinen zwischen 6 und 50 m, oft auch 100 m und mehr. Dicht über dem Boden fliegen sie meist, wenn schlechtes Wetter die Beutetiere am Boden oder knapp darüber hält. Bei gutem Wetter dient dieses Verhalten wohl dazu, Insekten aufzuscheuchen. Der Alpensegler fliegt entsprechend seiner Körpergröße wesentlich höher.

Sowohl Mauer- als auch Alpensegler sind in der Lage, alle sich bietenden Möglichkeiten wie Wind, Thermik usw. zu ihrem Vorteil zu nutzen. Wo sie sich aufhalten, liegt weniger an der Grenze ihrer Fähigkeiten, sondern vielmehr daran, zu welchem Zweck sie sich an bestimmten Orten einfinden. Beim Jagdflug entscheidet beispielsweise die Position der Fluginsekten, wo sich die Segler bewegen. Spielende Schwärme steigen manchmal auf vielleicht 100 m und mehr hinauf, fliegen aber kurze Zeit später schon wieder auf Höhe der Nistplätze um die Hausecken. Abends steigen die nicht brütenden Mauersegler bis auf circa 3000 m auf und verbringen dort die Nacht [46].

Unten: Dieser Alpensegler putzt sich im Flug das Bein. Zur Federreinigung und -pflege kommen auch andere Verhaltensweisen zum Zug: sich schütteln, Drehungen im Sturzflug usw.

Rechts: Mauersegler im Kurvenflug. Der Kopf bleibt immer in der Horizontalen.

Alpensegler fliegen während des Zugs bis 5000 m hoch. Ende Oktober zeigten Messungen ein tägliches Aufsteigen in der Dämmerung, aber auch tagsüber mit bis zu 1000 m Höhendifferenz zum normalen Aufenthaltsort. Für dieses Verhalten fehlt bislang eine Erklärung. Während des Zugs fliegen sie mit großer Variationsbreite wesentlich höher als im Brutgebiet, am höchsten aber im Überwinterungsgebiet [54].

Übernachten im Flug

In der Dämmerung verschwinden die nicht brütenden Mauersegler plötzlich in der Höhe und sind nicht mehr zu sehen und zu hören. Wilde Spekulationen und skurrile Ideen rankten sich bis tief in das 20. Jahrhundert um dieses Rätsel. Der Italiener Lazzaro Spallanzani beschrieb 1797 als Erster das Aufsteigen der Segler in höhere Luftschichten zum Zweck des Übernachtens [5]. Emil Weitnauer kommt das Verdienst zu, das Phänomen des nächtlichen Verbleibs der Segler mit technischen Hilfsmitteln aufgeklärt zu haben. Mit-

hilfe von Verfolgungsflügen und Radarbeobachtungen der Schwärme konnte er feststellen, dass die Segler auf circa 3000 m Höhe aufstiegen und sich während der ganzen Nacht dort aufhielten. Sie bewegten sich im ruhigen Gleitflug, gelegentlich unterbrochen von aktiven Phasen. In den frühen Morgenstunden stiegen sie wieder ab und begannen ihre Tagesaktivitäten. Weitere Untersuchungen ergaben, dass die Vögel die Kunst beherrschen, im Flug zu schlafen. Dabei bleibt die eine Hirnhälfte wach und übernimmt die Steuerung, während die andere schläft. Die Hirnhälften lösen sich bei dieser Aufgabe ab [36]. Währenddessen fliegen die Segler mit 20 bis 30 km/h. Auf dem Zug und im Winterquartier wird dieselbe Technik angewandt. Das Schlafen im Flug ist wohl eine der spektakulärsten Verhaltensweisen der Segler und für uns Menschen eine ans Wunderbare grenzende Fähigkeit. Im Nest übernachtende Segler schlafen übrigens normal durch.

Nicht brütende Alpensegler suchen, obwohl sie zum Übernachten im freien Luftraum ebenfalls in der Lage sind, abends gern Orte auf, wo sie die Nacht schlafend verbringen. Im Allgemeinen sind das Stellen, wo sie vor der Nachstellung durch Beutegreifer geschützt sind. Früher war oft zu beobachten, dass sie in Spalten zwischen den Gegengewichten von Baukranen einflogen. Diese Art von Unterschlupf scheint bei den neueren Kranmodellen

nicht mehr zur Verfügung zu stehen, auf jeden Fall sind keine diesbezüglichen Aktivitäten von Alpenseglern mehr festzustellen. Sie finden aber andere Arten von Schlafplätzen (siehe Einschub). Auf dem Zug schlafen die Alpensegler im Dauerflug wie die Mauersegler.

Manchenorts nutzen Alpensegler freien Platz in einer Siedlung zum Übernachten. So befand sich in der Polizeikaserne in Bern, dem ehemaligen Waisenhaus, eine Zeit lang ein Übernachtungsplatz, an dem in der Dämmerung bis zu hundert Alpensegler einflogen. Ein spektakuläres Schauspiel, wenn Dutzende Vögel im Sekundentakt bei einem Loch einfliegen! Solche Plätze wechseln von Zeit zu Zeit. Der erwähnte Schlafplatz wurde schon vor einiger Zeit aufgegeben.

Im Jahr 2023 war – und das bereits seit einigen Jahren – der Turm der Kirche St. Peter und Paul in der Altstadt der meistbesuchte Übernachtungsplatz in Bern. Der Turm ist zur Abwehr von Tauben vergittert, aber zwischen dem Gitter und dem Steinkranz über dem Glockenstuhl ist gerade so viel Platz, dass sich die Alpensegler in diesem Zwischenraum anhängen können, nach außen geschützt und gedeckt durch das Mauerwerk. Bei den geschätzten 80 bis 100 Vögeln herrscht am Abend viel Betrieb, bis jeder seinen Platz gefunden hat. Die Rufe und das lautstarke Gezänk dieser Segler sind bis in die Nacht zu hören.

Jagdflug

Ein beträchtlicher Teil der Flugzeit ist der Jagd gewidmet. Je nach Aufenthaltsort der Nahrungstiere wird in großer Höhe, tief über dem Boden oder über Gewässern gejagt. Jedes Insekt wird dabei einzeln gefangen. Der Segler verfolgt das Beutetier und öffnet zum Einfangen seinen Schnabel. Dabei bildet der weite Schnabelspalt einen großen Trichter. Man sieht oft, dass Segler rasche Ausfälle zur Seite bzw. nach unten oder auch kurze Steigflüge machen, um ein Insekt zu erhaschen.

Wie weit sich die Eltern für die Futtersuche von ihren Nestern entfernen, hängt von verschiedenen Faktoren ab, etwa dem Wetter oder massenhaften Auftreten von Beutetieren (wie Flugameisen und Ähnlichem). Sowohl Mauer- als auch Alpensegler haben vermutlich einen ziemlich großen Aktionsradius (offizielle Messungen liegen aktuell nicht vor). Unter besonders schwierigen Bedingungen mit Nahrungsmangel suchen die Segler Gebiete auf, wo noch Insekten zu finden sind, etwa an Gewässern. Wird das Verhältnis von Energieverbrauch zu Jagderfolg negativ, etwa bei sehr tiefen Temperaturen und/ oder starkem Regen, verzichten Brutvögel darauf, ihr Nest zu verlassen.

Segler mit Jungen sind im Tageslauf hauptsächlich mit der Futtersuche beschäftigt. Nichtbrüter als «Selbstversorger» ohne familiäre Pflichten haben hingegen bei guten Bedingungen neben der Nahrungsaufnahme viel Zeit, die sie für Aktivitäten in der Gruppe nutzen. Sie können sich in Flugakrobatik austoben und mit ihren Schwarmgenossen spielen, sich von einer Kolonie zur anderen begeben usw. In Zeiten von Nahrungsmangel verzichten sie hingegen auf solche «Energieverschwendung».

Aufnahmen von Mauer- und Alpenseglern mit Hochgeschwindigkeitskameras (180 oder 360 Bilder pro Sekunde) zeigen, was Menschen mit bloßem Auge kaum wahrnehmen können. Einige Beispiele belegen die Effizienz, mit der die Jäger ihrer Tätigkeit nachgehen. Ein Mauersegler fing drei Insekten in 0,532 Sekunden, ein anderer 14 Insekten in 39 Sekunden, also alle drei Sekunden ein Fang. Er war zu 74 Prozent im Gleit- und zu 26 Prozent im Schlagflug unterwegs. In einem dritten Fall fing ein Mauersegler neun Insekten in 35,5 Sekunden, dabei verbrachte er 40 Prozent im Gleitflug und 60 Prozent im Schlagflug [9]. Umgerechnet kann also ein Mauersegler bei guten Bedingungen problemlos zwischen 800 und 1000 Insekten pro Stunde fangen.

Ungefähr 20 cm vor dem Einfangen der Beute öffnet der Mauersegler die Schnabelspalte zu einem eindrücklichen Fangtrichter. Das Auge wird dabei für einen kurzen Moment teilweise geschlossen.

Unten: Noch einmal der Augenblick des Einfangens einer Beute. Im Kehlsack befindet sich bereits ein kleiner Futterballen.

Rechts: Auch das Nistmaterial wird aus der Luft aufgenommen, hier Halme und eine Feder. Unterstützend dabei wirkt Wind, der Material in die Luft wirbelt.

Die Leistungen des Alpenseglers sehen ähnlich aus. Ein Beispiel zeigt den Fang von vier Insekten in 0,611 Sekunden. Insgesamt läuft der Vorgang beim Alpensegler minimal langsamer ab [9].

Der Schnabel wird geöffnet, wenn das Insekt etwa 22 cm entfernt ist (beim Alpensegler etwa 30 cm), beim Fang der Beute sind die Lider halb geschlossen. Wenn es die Situation erfordert, wird auch häufig der Rückenflug eingesetzt. Manchmal wird eine Beute verfolgt, dann aber aufgegeben. Vielleicht erkennt der Segler, dass das Insekt nicht zum Verzehr geeignet ist. Es sind auch Szenen dokumentiert, wo eine gefangene Beute wieder ausgespien

wird. Schaut man solche Filmsequenzen in der extremen Verlangsamung an, wird deutlich, was für Sinnesleistungen und blitzschnelle motorische Abläufe nötig sind, um zum Erfolg zu kommen [9]. Segler mit Jungen sammeln die Insekten in ihrem Kehlsack und kehren erst mit einem größeren Futterballen, der sich stark vorwölbt, ins Nest zurück.

Der Moment vor dem Eintauchen des Schnabels. Dabei muss der Vogel den plötzlich auftretenden Widerstand austarieren.

Trinken im Flug

Bei großer Hitze trinken die Segler, indem sie sich der Oberfläche eines fließenden oder stehenden Gewässers nähern. Dabei gleiten sie in einem Winkel von 20 bis 35 Prozent mit v-förmig emporgereckten Flügeln auf die Wasseroberfläche zu. Wie bei einem landenden Flugzeug wird die Fluglage mit leichten Kippbewegungen nach links oder rechts korrigiert. Das Manöver endet damit, dass der Segler kurz seinen Schnabel ins Wasser eintaucht,

dabei die Schwanzfedern nach unten drückt und danach sofort wieder Höhe gewinnt. Die Geschwindigkeit beträgt circa 35 km/h [17]. Dieses Trinken erfordert ein genaues Steuern aller Parameter und ist nicht ohne Risiko. Ein Kontakt der Flügel mit dem Wasser könnte dazu führen, dass der Segler sich überschlägt und auf dem Wasser landet. Dies scheint aber selten zu passieren, und die Vögel sind sich wahrscheinlich der Gefahr bewusst. So hat der Autor schon verschiedentlich gesehen, dass von Alpenseglern über der Aare in Bern ein Trinkversuch – wahrscheinlich aus Vorsicht – abgebrochen wurde.

Alpensegler erfrischen sich im Sommer mit einem Trunk aus einem Gewässer. Der vorderste Vogel ist schon wieder im Aufstieg, während die beiden nachfolgenden sich für das Trinken bereitmachen.

Der Ablauf einer Kopulation von Mauerseglern in der Luft. Die Kopulation findet in Bild 4 und 5 statt, danach trennen sich die beiden, beobachtet von einem dritten Segler.

Balz

Die Rollenverteilung der Geschlechter ist nicht erforscht. Auch bei der Balz ist es denkbar, dass beide Geschlechter aktiv sind. Einzelne dokumentierte Fälle belegen dies. Dennoch gehen viele Autoren davon aus, dass das Männchen die Rolle des Werbenden innehat. Wir schildern im Folgenden den Ablauf in der «klassischen» Variante.

Bei der Werbung um ein Weibchen spielen sich bestimmte Rituale ab. So nähert sich das Männchen der Auserwählten mit «vibrierenden» Flügeln. Es zeigt dabei sehr hochfrequente Flügelschläge mit kleiner Amplitude. In dieser Art nähert es sich wiederholt von der Seite dem Weibchen. Unterbrochen wird dieses Verhalten, indem das Männchen seine Flügel in V-Form aufstellt, eine Einladung zum Zusammenleben. Wenn die Partnerin zustimmend antwortet, also mit demselben Flugmuster, vollziehen beide eine Art Paartanz mit gemeinsamem Flug mittlerer Geschwindigkeit, mit zitternden Schwingen eines nahe hinter dem anderen und einander abwechselnd überholend [14].

Paarung im Flug

Bei der Kopulation in der Luft gleiten beide Segler circa 20 bis 50 m über dem Boden. Das Weibchen stellt die Flügel in V-Form fast senkrecht über seinem Rücken auf, das Männchen legt sich daraufhin auf sie. Die Kopulation dauert einige Sekunden im andauernden Sinkflug, bei dem sie nun ihre Flügel horizontal ausstreckt, während er seine Flügel aufstellt. Der Akt wird von lauten Rufen begleitet [14].

Die Begattung im Flug ist nur die eine Variante. Wohl wesentlich öfter findet sie auf dem Nest statt. Manchmal wird die Kopulation in der Luft nicht wirklich vollzogen, sondern hat nur spielerischen Charakter [46].

1
2
3
4
5
6

Ein Alpensegler im Rückenflug. Die Füße sind oben, der Kopf ist hingegen zur Erde gedreht.

Flugakrobatik

Als Dauerflieger beherrschen Segler nicht nur die fliegerischen Basics, sondern sind auch gewandte Luftakrobaten. Looping, Sturzflug, vertikaler Steigflug mit «Abschmieren» und Trudeln, Rolle, Rückenflug: Es gibt kaum eine Kunstflugfigur, die sie nicht beherrschen. Einige dieser Manöver dienen bestimmten Zwecken. So kann ein Sturzflug mit den entstehenden Verwir-

belungen helfen, das Federkleid in Ordnung zu bringen. Akrobatische Aktionen werden häufig bei der Jagd eingesetzt, so z. B. der Rückenflug. Einige Aufnahmen mit extremer Zeitlupe zeigen bei der letzten Annäherung an ein Beutetier eine Drehung in den Rückenflug [9].

Der Autor wagt zu behaupten, dass auch die schiere Lebensfreude, das Genießen der eigenen Fähigkeiten und die Lust am Spielen, vielleicht auch der Wunsch, bei den Artgenossen Eindruck zu machen, in solchen Handlungen zum Ausdruck kommen kann.

Die Haltung dieses Mauerseglers hat etwas Tänzerisches. Besser kann die Leichtigkeit des Seins dieser Vögel in ihrem Lebensraum kaum zum Ausdruck gebracht werden.

Ein Mauersegler dreht sich um die eigene Achse. Es ist schwer zu erkennen, wo sich Kopf, Flügel und Schwanz befinden.

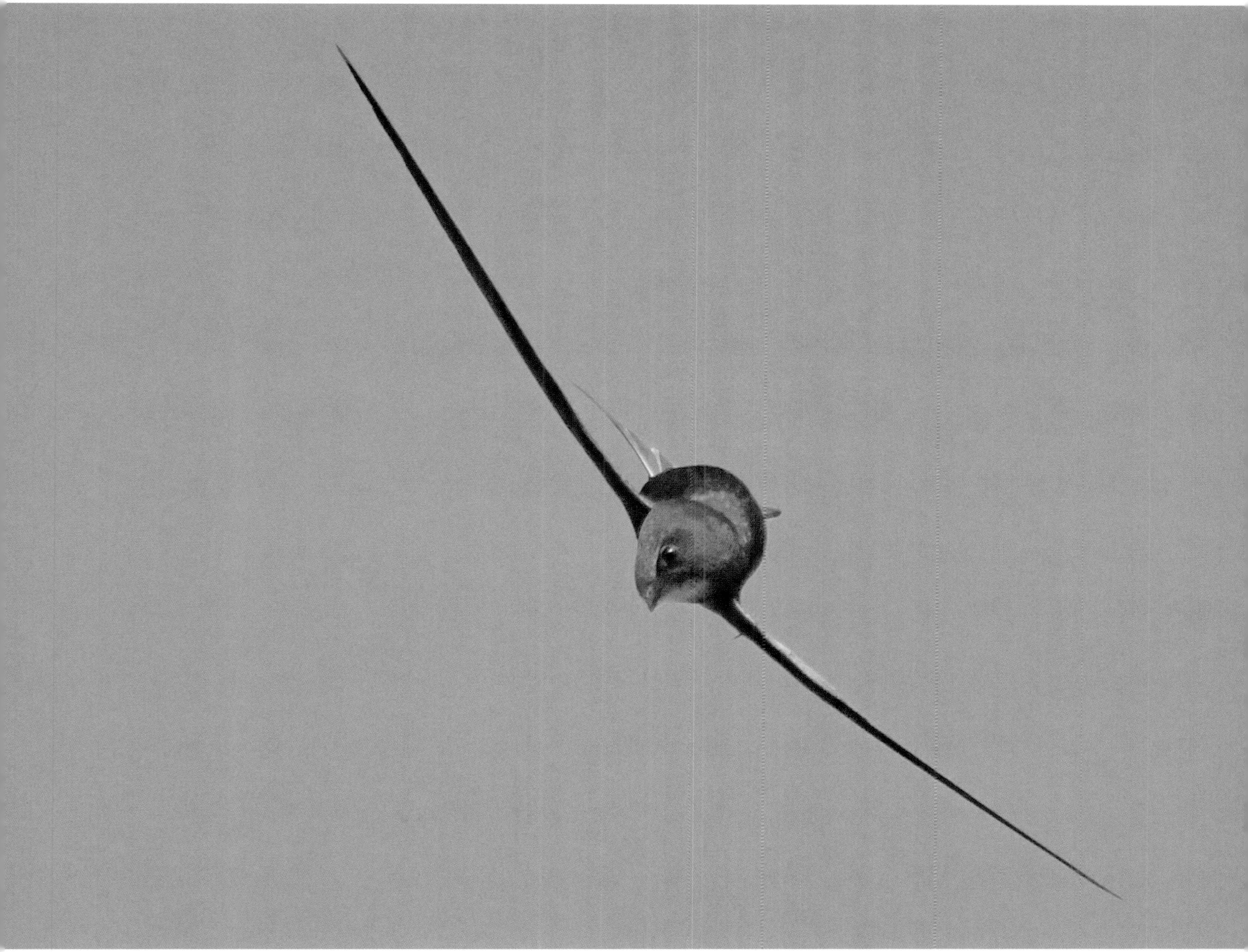

Ein Mauersegler auf dem Rücken in der Abwärtsbewegung. Der Wechsel in den Rückenflug erfolgt durch einen raschen einseitigen Flügelschlag nach oben.

Landung

Die Bilder auf dieser Doppelseite zeigen den Ein- und Ausflug eines Mauerseglers in eine Baumhöhle (Deutschland, Harz). Der einfliegende Vogel hat Futter in seinem Kehlsack. Die Flügel sind eng angelegt.

Die am häufigsten angewandte Technik ist das Unterfliegen. Der Segler taucht aus höherer Position zunächst steil ab und wendet sich dann in einer engen Kurve mit Schwung nach oben zum Einflugloch. In der letzten Phase bremst er ab und landet meist punktgenau am Einflug oder direkt im Nest. Dabei wird der Schwanz als Bremse benutzt, bei Bedarf unterstützt durch Flügelschläge. Im letzten Moment werden die Flügel an den Körper gepresst. Der Vorteil einer solchen Landung besteht darin, dass sie wenig Energie erfordert und mit hoher Geschwindigkeit ausgeführt werden kann. Das vermindert das Risiko, von einem Feind abgefangen zu werden.

Es gibt auch gemächlichere Einflugarten aus einem horizontalen Anflug, häufig beobachtet bei der Mauerseglerkolonie am Morillon-Schulhaus in Wabern bei Bern. Bei ungünstigen Windverhältnissen oder wenn das Flugloch durch Jungvögel oder auch den Partner versperrt ist, muss der Anflug manchmal mehrmals wiederholt werden.

Start

Der Wegflug ist ebenfalls eines der riskanten Flugmanöver, denn der Segler ist erst in Sicherheit, wenn er sich im freien Luftraum bewegt. Meist lässt er sich aus dem Nest fallen und taucht ein paar Meter ab, bis er seine bevorzugte Fluggeschwindigkeit erreicht hat. Dabei schlägt er häufig einen Zickzackkurs ein, möglicherweise um potenzielle Feinde abzuschütteln. Mit dem erreichten Schwung gewinnt er anschließend schnell an Höhe. Hindernisse sind, wie beim Anflug, ungünstig. Je höher der Nistplatz über dem Boden liegt, desto leichter gelingt der Start. Bei tief gelegenen Nestern – z. B. jenen in der Innenseite der Stadtmauer von Murten (Freiburg, Schweiz) vor deren Renovierung, die sich nur in circa 2,5 m Höhe befanden, oder wenige Meter über einem Gewässer – kann ein Segler aber auch horizontal starten. Die ersten Meter werden dann im intensiven Schlagflug zurückgelegt.

Der ausfliegende Segler stürzt sich aus dem Loch. Gleich wird er die Flügel öffnen und nach ein paar Metern dank der gewonnenen Geschwindigkeit mühelos in einen Steigflug übergehen.

Ein Ausflug und ein Einflug (mit Futter) eines Mauerseglers. Sobald der Körper das Flugloch verlassen hat, werden die Schwingen geöffnet.

Beim Anfliegen wird der Schwung aus dem Unterfliegen so abgebremst, dass eine Punktlandung am Loch oder sogar im Kasten resultiert. Der Segler streckt schon die Beine zur Landung aus.

Verhalten

Vorhergehende Doppelseite: Gruppe von Mauerseglern beim Flugspiel. Der unterste Vogel ist am Rufen.

Tagesablauf im Brutgebiet

Brutvögel übernachten meist in ihrem Nest. Sie fliegen normalerweise zwischen Sonnenuntergang und Beginn der Dunkelheit ein. Sind Junge zu versorgen, ist kurz vor Einbruch der Nacht noch lebhaftes Ein- und Ausfliegen festzustellen. In der Dämmerung finden die Vögel offenbar reichlich Nahrung. Am Morgen fliegen Mauersegler recht früh aus; Alpensegler lassen sich da wesentlich länger Zeit. Dann beginnt die Futtersuche, die den ganzen Tag über andauert. Bis in den frühen Nachmittag wird fleißig gefüttert, danach ist es in der Kolonie ruhiger. Nichtbrüter sind vor allem am Vormittag bis in den frühen Nachmittag aktiv und fliegen immer wieder im Schwarm an den Nistplätzen vorbei. Anschließend halten sie sich bis zum Abend meist an anderen Orten auf. Dann aber sind wieder Flugspiele bei der Kolonie angesagt, die bis spät in die Dämmerung andauern.

Sozialleben

Alle europäischen Seglerarten leben, wann immer sich die Gelegenheit bietet, in Gemeinschaften. Sie bilden Schwärme, die zusammen umherziehen und gemeinsam auf die Nahrungssuche gehen oder in die Übernachtungszone aufsteigen. Schwärme führen die Flugspiele bei Kolonien aus, und auch auf dem Zug und im Überwinterungsgebiet schließen sich die Segler immer wieder zu größeren Gruppen zusammen. Wo die Möglichkeit gegeben ist, bilden sie Kolonien. Solche Brutkolonien sind im Sozialleben der Segler ein zentraler Faktor. Zwar können die Vögel auch allein unterwegs sein oder als alleiniges Paar brüten, dieser Zustand ist aber nie von Dauer. Das Verhalten in solchen Gemeinschaften beinhaltet auch gewisse Regeln, auf die in diesem Kapitel näher eingegangen wird.

Ein großer Vorteil des gemeinschaftlichen Lebens ist die größere Sicherheit gegenüber Fressfeinden, hauptsächlich Wander- und Baumfalken. Die Wahrscheinlichkeit, dass ein Feind frühzeitig entdeckt wird, ist bei einer größeren Gruppe sehr viel größer, und ein Warnruf setzt alle Vögel von der Gefahr in Kenntnis. Entsprechend kann der Schwarm rechtzeitig den Kontakt vermeiden und/oder Ausweichmanöver auslösen. Für den Angreifer ist es im Übrigen sehr viel schwieriger, sich auf ein Individuum in einem großen

Schwarm zu konzentrieren und zum Erfolg zu kommen, als dies bei einem einzeln fliegenden Segler der Fall wäre.

Einzelne Seglerpaare oder solche in kleinen Kolonien sind weniger in der Lage, ihren Brutplatz gegenüber Haussperlingen zu behaupten. Diese lassen sich nur schwer vertreiben. Manchmal besetzen die Sperlinge im Frühling den Kasten eines Mauerseglers und verteidigen ihn erfolgreich gegen die zurückkehrenden Segler. Diese haben Schwierigkeiten, ihre Nisthöhle zurückzuerobern. Verlieren die Sperlinge ihre Brut, zerstören sie in der Folge nicht selten die Gelege der Segler. Ab einer Koloniegröße von 10 bis 15 Brutpaaren bekommen hingegen die Segler die Oberhand, und die Sperlinge haben einen schweren Stand.

Ein Segler, der ein nahrungsreiches Jagdgebiet gefunden hat, zieht die Aufmerksamkeit auch weiter entfernter Artgenossen auf sich und weist ihnen den Weg zum gedeckten Tisch.

Beim Besuch einer Kolonie geht es manchmal recht wild und chaotisch zu: Noch nicht geschlechtsreife Mauersegler fliegen einen Nistkasten an.

Flugspiele mit lautem Rufen markieren eine Kolonie. Die kreisenden Schwärme steigen kurz auf und stürzen dann wieder auf die Niststätte zu. Das Kreisen über der Kolonie ist auch ein Revierverhalten. Santa Maria la Mayor, Trujillo, Spanien

Die Segler einer größeren Kolonie bilden eine strukturierte Gemeinschaft. Diese besteht aus Vögeln verschiedener Altersstufen, von den Jährlingen bis zu den erfahrenen Brutvögeln. Die Brutvögel sorgen für die Stabilität der Population, den langfristigen Erhalt der Kolonie und den Nachwuchs. Die Jungtiere bilden die Ressourcen für die zukünftigen Generationen und ersetzen bei Erreichen der Geschlechtsreife ausgefallene Brutvögel. Je nach Entwicklungsstufe zeigen sie differenzierte Verhaltensweisen. Sie lernen im Verlauf ihrer Entwicklung immer mehr dazu, bis sie sich schließlich am Brutgeschäft beteiligen.

Auch wenn es manchmal den Anschein hat, dass sie den Brutbetrieb eher stören (so zwingen sie die Altvögel oft zum Verteidigen ihres Nests und halten diese von der Nahrungssuche ab), ist eine Kolonie ohne diese «Jungspunde» langfristig nicht überlebensfähig. Beim Autor entstand schon verschiedentlich der Eindruck, dass sie nicht nur das Koloniegeschehen beleben, sondern auch als Wächter amtieren. Brutvögel, die sich um die Nahrungsbeschaffung kümmern müssen, haben bei der Heimkehr nicht lange Zeit, nach Gefahren Ausschau zu halten. Sie werden beim Anflug häufig von Immaturen begleitet oder sogar von einer «Vorhut» angeführt. Bei der großen Mauerseglerkolonie am Morillon-Schulhaus in Wabern bei Bern, die im Sommer immer wieder von einem Turmfalken heimgesucht wird, geht sehr oft die Warnung vor dem Feind von einem Schwarm junger Segler aus. Dann ist innerhalb kürzester Zeit kein Vogel mehr in der Nähe der Brutplätze zu sehen. Die Brutvögel warten die Entwarnung entweder außerhalb der Kolonie oder im Nest ab, bevor sie wieder ein- oder ausfliegen.

Flugspiele

In den ersten Tagen nach der Rückkehr verhalten sich die Segler diskret. Erst wenn eine größere Anzahl Vögel angekommen ist, beginnen die Flugspiele mit Kreisen und Rufen um die Kolonie. Beteiligt sind hierbei vorerst nur die adulten Brutvögel. Diese Flugspiele sind weniger spektakulär, weniger laut und weniger häufig als die von den später ankommenden noch nicht geschlechtsreifen Seglern. Im Verlauf der Saison beteiligen sich die alteingesessenen Vögel kaum an den Spielen dieser Immaturen, sondern suchen meist ihr Nest auf, um dieses als besetzt zu markieren, oder sie sind mit dem Füttern der Jungen beschäftigt [14].

Vor allem von morgens bis in den frühen Nachmittag und am Abend bis zum Einbruch der Nacht sind immer wieder Vorbeiflüge von laut rufenden Schwärmen *(«screaming parties»)* an einer Kolonie zu beobachten.

Der Ablauf ist in etwa folgender: Ein Schwarm stößt aus größerer Höhe herab und fliegt in rasendem Tempo an den Nistplätzen vorbei. Hierbei kommt es auch zu – meist nur angedeuteten – Anflügen an Fluglöcher. Nach dem Passieren der Kolonie steigen die Segler etwas auf und bewegen sich dann erneut auf die Nistplätze zu. In mehreren Runden fliegen sie so an den Nestern vorbei. Danach wird eine Pause eingelegt, bis das Ganze von vorne beginnt.

Es kommt im Juni immer wieder vor, dass größere Schwärme von jungen Mauerseglern kurzzeitig bei einer Kolonie auftauchen und für etwa ein bis zwei Tage einen merklichen Zuwachs an Individuen bewirken (Beobachtung

Unten und rechts: Immer wieder kommt es zwischen Schwarmmitgliedern zu spektakulären Szenen.

des Autors am Morillon-Schulhaus in Wabern bei Bern). Doch so plötzlich, wie sie gekommen sind, verschwinden diese immaturen Tiere auch wieder.

Fragt man nach dem Sinn der Flugspiele, so steht als Grund das kollektive Markieren der Kolonie im Vordergrund. Sicher dienen sie auch anderen Zielen, unter anderem beispielsweise der Sicherung eines eigenen Nistplatzes in der Zukunft oder dem Funktionieren und Erhalten des Kollektivs, denn aus den Immaturen gehen, wie schon gesagt, später die Nachfolger der zu Tode gekommenen Brutvögel hervor (mehr dazu im folgenden Kapitel). Auch das Einprägen der Lage, der Topografie, der Art des Landungsmanövers, kurz aller Besonderheiten einer Kolonie, ergibt sich aus den sich so oft wiederholenden Besuchen. Schließlich dient die Aktivität um die Kolonie auch dem kollektiven Gedächtnis: Besuchte Kolonien werden gespeichert und auch in Zukunft wieder angeflogen. Das sichert langfristig ihren Fortbestand im gesamten Netzwerk der Seglerkolonien.

Spielerische Verhaltensweisen wie hier sind in den Gruppen oft zu beobachten.

Lebensabschnitte zwischen Ausfliegen und erster Brut

Bernard Genton hat an seiner eigenen Mauerseglerkolonie in Féchy (Schweiz) jahrelang intensiv geforscht. Im Zentrum stand das Verhalten der Segler in Abhängigkeit vom jeweiligen Alter. Mit farbigen Ringen markierte er Jungvögel in seiner Kolonie, und zwar jahrgangsweise mit einer anderen Farbe.

Auf diese Weise war es ihm möglich, den Rückkehrern der verschiedenen Altersstufen vom Jährling bis zum Erstbrüter ein spezifisches Verhalten in der Kolonie zuzuordnen. Die Beobachtungen stützen sich auf fotografische Kontrollen.

Ankunft und Wegzug der Altersstufen in Féchy (Waadt, CH) [14]

Altersstufe	Ankunft	Wegzug
1. Kalenderjahr		17.07.–30.09.
2. Kalenderjahr	14.06.–05.07.	08.07.–20.07.
3. Kalenderjahr	15.05.–15.06.	10.07.–05.08.
4. Kalenderjahr	29.04.–19.05.	25.07.–02.09.
5. Kalenderjahr und später	15.04.–12.05.	10.07.–05.08.
Paare mit Nachgelegen		25.07.–02.09.

Wie die Tabelle zeigt, kommen die Mauersegler in mehreren Wellen an: als erste die älteren Brutvögel, als zweite die vom 4., danach die vom 3. und als letzte die vom 2. Kalenderjahr. Somit wird es Mitte Juni, bis der Sommerbestand vollzählig ist.

Genton & Jacquat [14] haben durch die beschriebenen Beobachtungen festgestellt, dass es im Verhalten oder der Reifung der jungen Mauersegler drei Stufen von den Jugendlichen über die Adoleszenten bis zur Integration in den Kreis der Brutvögel gibt. Die Bezeichnungen «effleureurs» (Vögel, die den Kasten nur streifen, ohne anzuhängen), «pré-nicheurs« (Vorbrüter) und «jeunes nicheurs» (Erstbrüter) in den folgenden Abschnitten benennen primär die Gruppen, die sich entsprechend verhalten. Sie setzen sich hauptsächlich aus den Vögeln eines Jahrgangs zusammen, aber es gibt wie immer in solchen Untersuchungen individuelle Abweichungen. Um eine Begriffsverwirrung zu vermeiden, sind deshalb diese Bezeichnungen nicht bei den Altersgruppen in der Tabelle aufgeführt.

Stadium der «effleureurs»

Jährlinge besuchen in nicht unerheblicher Zahl die Kolonie, wo sie aufgezogen wurden, und sind zu einem großen Teil verantwortlich für die von viel Geschrei begleiteten Flugspiele um die Brutplätze. Sie fliegen die Einfluglöcher an, meist ohne sich anzuhängen oder gar einzudringen, sondern fast immer ohne Berührung. Nur in wenigen Fällen hängen sie sich an das Loch und schauen hinein, noch seltener stecken sie den Kopf in die Öffnung. Bis zu 100-mal wiederholen sie am Tag diese Anflüge. Die schon Mitte Mai zurückgekehrten Vögel im 3. Kalenderjahr, die «Vorbrüter», beteiligen sich größtenteils an diesen Aktivitäten. Sehr selten fliegt ein Vogel aus dieser Gruppe in einen Nistkasten ein. Von 8936 Einflügen in der Saison 2012 entfielen nur neun auf diese Gruppe.

Ob bei der Kolonie, ob bei der Jagd, fast immer sind die Segler in Gruppen unterwegs. Hier Mauersegler über dem Wasser.

Stadium der Vorbrüter

Die Gruppe der «pré-nicheurs» (zu Deutsch «Vorbrüter») rekrutiert sich hauptsächlich aus den Vögeln im 3. Kalenderjahr, während aus der Kategorie der Jährlinge nur eine kleine Minderheit und von den Seglern im 4. Kalenderjahr nur einzelne mitmachen. Die Vögel sind jetzt im Stadium der Adoleszenz.

Ihr Verhalten unterscheidet sich von der vorherigen Gruppe vor allem darin, dass sie sich nach anfänglich eher scheuen Anflügen wie bei der ersten Gruppe bald entschlossener und geräuschvoll an die Löcher hängen und damit testen, ob die Nisthöhle bewohnt ist. Manchmal fliegt ein zweiter Segler an und schubst den anderen vom Loch weg. Das Anhängen kann durchaus längere Zeit andauern. Die Reaktion der Bewohner ist entsprechend aggressiv. Sie erscheinen am Loch und geben schrille Schreie von sich.

Nach langen Phasen mit diesem Verhalten wagen es die Vorbrüter, in eine (leere) Nisthöhle einzudringen, verlassen diese aber nach wenigen Sekunden wieder panikartig. Sie müssen sich vermutlich nach langer Zeit ohne festen Boden unter den Füßen zuerst wieder an das neue Element gewöhnen. Im Verlauf der Saison finden sie einen Partner, der mit ihnen die Höhle teilt. Sie bauen ein Nest, ohne aber zur Eiablage zu schreiten. Der Aufenthalt im Nest ist oft unregelmäßig und von längeren Pausen unterbrochen.

Die meisten Kämpfe um einen Nistplatz finden zwischen solchen Vorbrütern und etablierten Brutvögeln statt.

Stadium der Erstbrüter

Die Erstbrüter («jeunes nicheurs») rekrutieren sich hauptsächlich aus der Kategorie des 4. Kalenderjahrs. Sie besetzen nach der Rückkehr das im Vorjahr ausgewählte Nest und beginnen die erste Brut, die im Allgemeinen nur zwei Eier umfasst. Sie erscheinen wesentlich später als die älteren Segler und ziehen dementsprechend auch später weg. Brutvögel ohne Partner suchen sich oft in dieser Generation einen Ersatzpartner.

Da sich Alpensegler ähnlich verhalten wie Mauersegler, also mit Anfliegen an Nisthöhlen, Anhängen und Eindringen, liegt der Schluss nahe, dass die Entwicklungsphasen bis zur Geschlechtsreife ähnlich verlaufen wie bei den Mauerseglern. Hierzu liegen aber keine wissenschaftlichen Befunde vor.

Treue der Jungen zur Geburtskolonie

Die Zahlen verschiedener Autoren liegen derart weit auseinander, dass kaum allgemeine Rückschlüsse auf die Treue der Jungen zur Geburtskolonie möglich sind. Die jeweiligen Prozentangaben berücksichtigen zudem nicht die hohe Rate an Todesfällen im 1. Lebensjahr (zwischen 20 und 30 %). Würden die Todesfälle eingerechnet, wäre das Ergebnis der Rückkehrer deutlich besser. Immerhin zeichnet sich ab, dass ein großer Teil der Jährlinge umherzieht und dabei wohl auch verschiedene Kolonien besucht. Solche umherstreifenden Segler dürften immer wieder für die Neugründung von Kolonien verantwortlich sein.

Mauersegler: Rückkehrer zur Geburtskolonie

ausgeflogen	zurück-gekehrt	in %	Details	Autor
918	14	1,53 %	nestjung beringt*	[13]
148	88	61 %	nestjung beringt	[46]
		13–30 %	Jährlinge	[14]
		20 %	3. Kalenderjahr	[14]
		3–7 %	4. Kalenderjahr	[14]

*in Schweden, Frankreich und England

Bei den Alpenseglern ist aus Schweizer Kolonien bekannt, dass sich zahlreiche Vögel in anderen Kolonien ansiedeln. Kontrollen von beringten Brutvögeln ergaben, dass zwischen den Kolonien Basel, Biel, Solothurn und anderen (alle Schweiz) ein reger Austausch stattfindet. Die Besiedlung im süddeutschen Raum ging von Schweizer Kolonien aus.

Territoriales Verhalten

Ulrich Tigges [43] unterscheidet beim Mauersegler zwei Territorien. Einerseits gibt es das individuell exklusiv beanspruchte Territorium der Nisthöhle eines Brutpaars, das bis zum Nesteingang verteidigt wird, andererseits die kollektive Nistzone. Diese umfasst einen inneren Teil exklusiv nur für die kolonieeigenen Segler und einen äußeren Teil als Begegnungszone, wo Mitglieder anderer Kolonien in Kontakt mit der Territorialgruppe treten können. In Berlin hat Tigges ein solches Territorium untersucht und festgestellt, dass es sich in einer Dreiecksform über 120 000 Quadratmeter erstreckt (begrenzt durch Straßenzüge) und über Jahre stabile Grenzen aufweist. Die Größe und die Form solcher Territorien variieren gemäß den örtlichen Gegebenheiten.

Bei Alpenseglern besteht ein Unterschied zu den Mauerseglern. Sie nisten gern in offenen Räumen wie Dachböden und verteidigen ihre Nestumgebung bis höchstens 30 cm. Die individuelle Nistzone definiert sich also nicht durch einen exklusiv beanspruchten, abgeschlossenen Raum. Das hat zur Folge, dass sich Nester in unmittelbarer Nachbarschaft zueinander befinden oder dass sich Nichtbrüter am Eingang einer Kolonie zur Übernachtung aufhalten können, ohne dass es zu Kämpfen zwischen oder mit Brutvögeln kommt. Über das äußere Territorium ist nichts bekannt. Die Flugspiele und das soziale Verhalten der Nichtbrüter ähneln denen der Mauersegler, aber genaueres Wissen um die Zusammenhänge fehlt. Darum sind im Hinblick auf das Territorialverhalten keine direkten Rückschlüsse möglich.

Das Bild auf dieser Seite belegt die Fähigkeit der Segler zum Start ab Boden. Hier ein junger Mauersegler, der vielleicht beim Ausfliegen unfreiwillig zu Boden gegangen ist.

Verhalten auf dem Boden

Segler sind von ihrer Anatomie her nicht an das Leben am Boden angepasst. Die langen, schmalen Flügel erlauben ihnen die mühelose Beherrschung des Luftraums, und die kurzen Beine mit scharfen Krallen sind hervorragend zum Klettern in Felsspalten geeignet. Der lateinische Name *Apus* leitet sich von griechisch *apous* ab und heißt «fußlos». Das ist nicht wörtlich zu interpretieren, sondern im Sinn von «der mit kurzen Füßen, die Füße nicht gebrauchend, schlecht zu Fuß». Aber genau diese anatomischen Besonderheiten erschweren das Bewegen auf festem Untergrund und machen das Auffliegen vom Boden schwierig.

Segler vermeiden deshalb den Kontakt mit dem Boden. Ursache für eine unfreiwillige Landung ist oft die Kollision mit einem Hindernis oder ein Absturz beim Kampf um einen Nistplatz. Aber auch Erschöpfung, häufig eine Folge von nasskaltem Wetter mit Nahrungsmangel, lässt die Vögel zu Boden gehen. Ein Fehlstart beim Jungfernflug ist ebenfalls nicht selten.

Ein am Boden gelandeter Segler sucht Deckung und/oder eine Möglichkeit, sich an einer Mauer oder Ähnlichem emporzuhangeln, von wo aus er problemlos abfliegen kann. Auch ein Start vom Boden ist durchaus möglich. Ein Mauersegler kann tatsächlich 30 bis 50 cm vom Boden hochspringen oder drei bis fünf Schritte im «Sprunglauf» machen und sich so den Raum verschaffen, um mit den Flügeln zu schlagen [17]. Es braucht dazu eine ebene Startbahn einer gewissen Länge. Dies ist aber nur einem Vogel möglich, der topfit ist. Dem Autor ist es während Jahrzehnten der Beobachtung versagt geblieben, Zeuge eines solchen Starts zu werden. Tiere, die wegen einer Verletzung oder einer ungünstigen Umgebung nicht vom Boden wegkommen, werden häufig Opfer von Katzen oder Krähen, wenn sie nicht rechtzeitig von hilfsbereiten Menschen gefunden werden.

Einen spektakulären Vorfall beobachtete der Autor an der Lorrainebrücke in Bern: Zwei Alpensegler stritten sich unter lautem Geschrei um einen Nistplatz und stürzten ineinander verkrallt aus der Einflugöffnung. Sie trudelten dem Wasser entgegen. Erst vielleicht drei Meter über der Aare ließen sie los. Dem einen gelang es, sich aufzufangen und wegzufliegen, während der andere ins Wasser stürzte. Sofort begann er unter Zuhilfenahme der Flügel, ans Ufer zu rudern. Dort wartete der Autor und half ihm aus dem ungewohnten Element. Nass und erschöpft blieb der Segler längere Zeit bewegungslos sitzen. Schließlich hatte er sich so weit erholt, dass er aus der Hand startete, und zwar mit Erfolg! Ohne Hilfe hätte der Unglückliche noch eine mühevolle und gefährliche Reise an Land bis zum erneuten Start vor sich gehabt.

TIPP Wenn ein Segler am Boden gefunden wird, muss zuerst der Gesundheitszustand geprüft werden. Ist nicht sicher, dass der Vogel ausgewachsen (Altvogel oder flügger Jungvogel), unverletzt und körperlich fit ist, sollte er in eine Pflegestation gebracht werden. Nur bei absoluter Gewissheit, dass der Vogel flugtüchtig ist, kann man den Segler bei erhobenem Arm aus der offenen Handfläche starten lassen. Dabei dürfen keine Hindernisse in der Flugrichtung stehen. Der Vogel muss selbst den Moment des Abflugs wählen, keinesfalls nachhelfen!

Hungerstrategien, Wetterfluchten

Die Segler sind für ihre Ernährung auf Fluginsekten und andere Beutetiere, die sich im Flug fangen lassen, angewiesen. Es gibt für sie keine alternativen Möglichkeiten, Futter zu suchen. Diese hochgradige Spezialisierung macht sie zu sehr effizienten Jägern. Probleme treten auf, wenn ihre Nahrungsquelle versiegt. Dies passiert regelmäßig bei Kaltlufteinbrüchen, die in Europa sehr oft mit Niederschlägen verbunden sind. Die meisten Fluginsekten bleiben bei solchem Wetter in ihren Verstecken. Nur wenige kälteresistente Arten, meist an Gewässern lebend, fliegen noch.

Dieser Mauersegler wurde vom Regen total durchnässt und hat sich erschöpft an eine Mauer geklammert. Auch diese Vögel werden manchmal von Wetterkapriolen überrascht. Wenn das Gefieder trocken ist und der Regen aufhört, wird er sich erholt haben und wieder losfliegen.

Rechts: Segler fliegen vor einer Gewitterfront. Sie profitieren vom Insektenreichtum und ziehen mit der Front weiter. Murcia, Spanien

Segler passen ihre Jagdmethoden den Witterungsverhältnissen an. Sie wissen, wo bei welchem Wetter am meisten Nahrung zu finden ist. Allerdings gibt es Situationen, in denen jeder Versuch, Nahrung zu finden, aussichtslos ist. Dann bleiben die Brutvögel im Nest und verschlafen den Tag. Erst wenn sich das Wetter bessert, fliegen sie wieder aus. Das spart Energie. In solchen erzwungenen Ruhephasen sind die Segler in der Lage, durch Senken der Körpertemperatur und Atem- und Pulsfrequenz den Energieumsatz zu mindern. Auch junge Segler haben diese Fähigkeit (siehe Kapitel «Brutbiologie»).

Vögel, die nicht brüten, verfolgen eine andere Strategie. Beim Herannahen einer Kaltfront scharen sie sich zu großen Schwärmen zusammen und fliegen vor der Front her. In dieser Zone finden sich viele Insekten. Solche Wetterfluchten können quer durch ganz Europa gehen. Nach vielleicht einer Woche oder länger kehren die Segler um. Entweder fliegen sie direkt durch die Schlechtwetterfront zurück, oder sie machen einen weiten Bogen über halb Europa.

In den meisten Fällen helfen diese beiden Verhaltensweisen, die Schlechtwetterzeit zu überstehen. Sind die Jungen schon etwas älter, begeben sich manchmal auch die Brutvögel auf solche Reisen.

In extremen Fällen jedoch, wenn das Wetter lange so bleibt, wird das Ausharren im Nest zur Todesfalle. Und wenn ganz Europa unter einem Kälteeinbruch leidet, sind manchmal auch Wetterfluchten nicht erfolgreich (siehe Kapitel «Gefährdung», Abschnitt «Wetter»).

Brutbiologie

Vorhergehende Doppelseite: Alpensegler mit Futterballen von eindrücklicher Größe auf dem Weg zu seinem Nest.

Unten: Baumhöhlen wie hier eine des Buntspechts *(Dendrocopos major)* werden auch in Mitteleuropa bewohnt.

Ablauf der Brutsaison

Die einzelnen Phasen des Brutgeschäfts von erfahrenen bzw. neuen Brutvögeln sind folgende:

a. Besetzen des bisherigen Nests bzw. Nestsuche
b. Wiedervereinigung mit dem Partner bzw. Partnersuche
c. Ausbessern bzw. Neubau des Nests
d. Paarung und Eiablage (Mauersegler und Alpensegler: Ø 4–5 Tage für ein Dreiergelege)
e. Brüten (Mauersegler und Alpensegler: Ø 20–21 Tage)
f. Aufzucht der Jungen (Mauersegler: Ø 42 Tage, Alpensegler: Ø 56 Tage)
g. Nach dem Ausfliegen der Jungen:
baldiger Aufbruch ins Winterquartier beim Mauersegler
Verbleib am Brutort bis September/Oktober beim Alpensegler

Brutrevier

Siedlungen sind den Mauerseglern zu einer neuen Heimat geworden, die ihnen viele Vorteile bietet.

Sowohl Mauersegler als auch Alpensegler nisteten ursprünglich in Felswänden an der Küste oder im Binnenland, Alpensegler vorzugsweise im Gebirge. In Europa sind zahlreiche natürliche Brutstandorte zu finden. Dennoch ist deren Zahl gerade für den weit verbreiteten Mauersegler beschränkt. Heute leben 99 Prozent der Mauersegler Mitteleuropas in Dörfern und Städten. In schwach besiedelten Gebieten Nordeuropas, wo Felshöhlen und geeignete Gebäude rar sind, wohnt ein Großteil der Vögel hingegen in Baumhöhlen der lichten Wälder. Baumhöhlen werden auch in Mitteleuropa genutzt, jedoch nur in geringer Zahl.

Auch Alpensegler nisten seit Jahrhunderten in menschlichen Siedlungen, dies vor allem in Mitteleuropa. In der Schweiz leben 80 Prozent der Brutpaare in gut 70 Ortschaften. Die nachfolgenden Ausführungen beziehen sich auf Gebäudebruten.

An Gebäuden werden alle Arten von Einschlupfmöglichkeiten in einen dahinterliegenden Hohlraum genutzt. Solche durch Bauschäden entstandenen Öffnungen wie hier dürften aber nach der nächsten Renovation wieder verschwinden.

Mauersegler bevorzugen einen Nistplatz mit einer Mindesthöhe von sechs bis sieben Metern ab Boden, allerdings gibt es auch Beispiele von geringerem Bodenabstand. Die wesentlich größeren Alpensegler ziehen eine Höhe ab circa zehn Metern vor. Die Himmelsrichtung spielt offenbar kaum eine Rolle. Wichtiger scheinen – vor allem beim Alpensegler – das beim Nistplatz herrschende Mikroklima und die der Vorliebe der Vögel entsprechende Infrastruktur zu sein [54]. Wesentlich ist der Schutz vor direkter Sonneneinstrahlung und Regen, aber die Nester sollten auch für Bodenfeinde wie Marder und Katzen unerreichbar sein. Von Seglern genutzte Nisthöhlen an Gebäuden, die durch Dachstrukturen oder andere Elemente in der Fassade entstanden sind, bieten unterschiedliche Platzverhältnisse. Anders ist es bei mehr oder weniger genormten künstlichen Nisthilfen. Details dazu sind im Kapitel «Schutz» dargestellt.

Ohne künstliche Maßnahmen durch den Menschen sind manchmal nur einzelne Nisthöhlen an einem Gebäude nutzbar. Alle in Europa heimischen Seglerarten haben aber die Neigung, Kolonien zu bilden. Das kann zu einer Dichte von 100 und mehr Brutpaaren pro Gebäude führen. In der spanischen Stadt Ávila nisten in der Stadtmauer mehrere Tausend Brutpaare des Mauerseglers, ebenso am römischen Aquädukt und der Stadtmauer des nahe gelegenen Segovia [40]. Auch Alpenseglerstandorte können mehrere Hundert Brutpaare beherbergen. In der Garni-Schlucht in Armenien sollen 800 bis 1000 Paare nisten [17]. Die Jesuitenkirche in Solothurn (Schweiz) beherbergte zu den besten Zeiten um 1956 bis zu 162 Paare.

Nistplatzsuche

Nistgelegenheiten in solcher Zahl sind willkommen, werden aber leider heute oft zugemauert. Direkt unter den Ziegeln kann es auch sehr heiß werden, ein Nachteil solcher Plätze.

Ein Brutpaar, das sich neu einen Nistplatz sichern will (Erstbrütende), sucht häufig in einer bestehenden Kolonie eine freie Höhle (bei Alpenseglern auch einen geeigneten Platz in einem Brutraum). Ist kein passender Brutplatz verfügbar, wird es an einem neuen Standort sein Glück versuchen. Dabei werden bestimmte Suchmuster angewandt, die auf bisherigen Erfahrungen beruhen. Über Jahrhunderte hinweg standen den Seglern an Häusern konstruktionsbedingte Einflüge zur Verfügung. Das konnten Spalten bei Fallrohren sein, die durch ein Vordach hindurchführten, Lücken unter Ziegeln, beispielsweise bei Rundungen im Dach, Lüftungsziegel oder nicht exakt abschließende Holzleisten in der Dachverkleidung, nicht selten auch verrutschte Ziegel oder angefaulte Holzteile, die einen Weg ins Innere ermöglichten. In Bergdörfern sind mancherorts die Häuser mit Granitplatten gedeckt. Diese schließen nie ganz exakt ab und lassen viele Einflugmöglichkeiten offen.

Haussperlinge, die eine Nisthöhle besetzt haben, sind oft ein Wegweiser für Mauersegler, die aus der Beobachtung schließen, dass sich dort eine Brutgelegenheit für sie befinden könnte. Sperlinge wehren sich gegen den Eindringling, indem sie das Flugloch blockieren. Nach manchmal tagelangen Auseinandersetzungen zwischen Spatzen und Seglern kommt es meist zu einem Überraschungsangriff der Mauersegler mit entschlossenem Einflug in

den Brutraum. In der Folge werden die Sperlinge verjagt und deren Eier oder Junge aus dem Nest geworfen (Beobachtung durch den Autor).

Jede Kolonie hat irgendwann einmal einen Anfang genommen. In der Regel werden neue Angebote schneller besiedelt, wenn in der Nähe bereits eine Seglerkolonie besteht. Je größer die Distanz ist, desto länger wird im Allgemeinen die Wartezeit. Da Segler ausgesprochen nistplatztreu sind, wird eine Neuansiedlung nur erfolgen, wenn der bisherige Nistplatz verloren geht oder in der Folge von guten Brutjahren ein Überschuss an Jungvögeln entsteht, der zu einem größeren Bedarf an Nistgelegenheiten führt.

Kolonieleben: Kampf um die Fortpflanzung

Europa ist für alle hier heimischen Seglerarten das Gebiet, in dem es in erster Linie um die Arterhaltung geht. Die meisten Aktivitäten sind also dem Ziel untergeordnet, Nachwuchs zu erzeugen.

Um als Brutvogel erfolgreich zu sein, benötigt ein Segler einen Brutplatz und einen Partner/eine Partnerin. Mauersegler dulden im Gegensatz zu den Alpenseglern keine anderen Artgenossen in ihrer Bruthöhle, auch wenn diese viel Raum bietet. Deshalb sind sie viel mehr unter Stress, wenn es um den Besitzanspruch auf einen Nistplatz geht. Im Allgemeinen sind die Vögel, die zuerst da sind, im Vorteil. Wer bereits eine Bruthöhle hat, findet auch leichter einen Partner/eine Partnerin. Da aber unter den Vögeln Konkurrenzdruck herrscht, geht das nicht immer ohne Auseinandersetzungen. Sowohl um den Nistplatz als auch um den Partner/die Partnerin muss manchmal gekämpft werden, sei es in der Luft oder in der Bruthöhle. Über die Rollenverteilung von Männchen und Weibchen in solchen Situationen ist noch zu wenig bekannt.

Das Auftauchen von immaturen Vögeln zwingt die Brutvögel überdies während der ganzen Saison dazu, ihren Nestraum immer wieder zu verteidigen. Die beschriebenen Handlungen sind für ein Brutpaar kräfte- und zeitraubend und können im Extremfall auch Einfluss auf den Bruterfolg haben [14]. Die von außen friedlich-gesellig wirkende Kolonie ist also durchaus ein Ort vieler, teils heftiger Auseinandersetzungen.

Verhalten von etablierten Brutpaaren bei der Rückkehr

Brutpaare, die schon im Vorjahr gebrütet haben, besetzen gleich nach der Ankunft ihr altes Nest. Je älter die Brutvögel sind, desto früher kehren sie in der Regel an ihren Brutplatz zurück. Nicht immer treffen beide Partner zur gleichen Zeit ein. Da sie oft im Vorjahr gestaffelt auf den Zug gegangen sind, kommt es auch bei der Rückkehr häufig zu zeitlichen Differenzen, und der als Erster angekommene Vogel wartet auf die Ankunft seines Partners. Das kann einmal das Männchen, ein anderes Mal das Weibchen sein. Er verbringt den Tag mit Nahrungsaufnahme und beteiligt sich zweitweise an den Flugspielen um die Kolonie. Trifft der Partner ein, erkennt er ihn und bewegt sich mit vibrierenden Flügeln auf ihn zu. Beide begrüßen sich mit Rufen, die ihren Zusammenhalt ausdrücken. Der Neuankömmling folgt dann im Flug dem Partner, sie vollziehen zusammen Flugschleifen, der zuerst angekommene Vogel zeigt sich dem Nachzügler mit v-förmig aufgestellten Flügeln. Schließlich nähert er sich der Nisthöhle, oft ohne direkt einzufliegen. Der Neuankömmling bleibt dicht hinter ihm, und schließlich folgt er dem anderen in die Höhle, wo beide Willkommensrufe von sich geben. Damit ist die rituelle Paarerneuerung vollendet. Am Brutplatz begrüßen sich die Partner auch später jedes Mal mit einem Erkennungsruf. Offenbar ist dieser Ruf das Identifikationsmerkmal schlechthin. Der Anwesende verhält sich grundsätzlich aggressiv-abwehrend gegenüber dem Ankommenden, erst der Begrüßungslaut wird als Identifikation erkannt und stoppt das Abwehrverhalten.

Fällt ein Partner aus oder dauert es bis zur Rückkehr zu lange, so beginnt der bereits anwesende Vogel mit der Suche nach einem neuen Partner oder einer neuen Partnerin. Nicht wenigen der etablierten Segler fehlt die Geduld, die Rückkehr der Partnerin oder des Partners abzuwarten. Sie stürzen sich balzend auf vorhandene Vögel des anderen Geschlechts. Manchmal sind die Bemühungen erfolglos, manchmal von Erfolg gekrönt. Oft tun sich wartende Einzelvögel zu einer neuen Partnerschaft zusammen. Wenn dann der Vorjahrespartner eintrifft, kommt es zu ernsthaften Auseinandersetzungen, denn der alte Höhlenbesitzer versucht, seinen Platz zurückzugewinnen [14]. Siehe dazu auch den Abschnitt «Nistplatztreue, Partnertreue».

Ein Alpenseglernest in der Lorrainebrücke in Bern, fotografiert während der Renovation der Brücke 1992. Das Nest wurde direkt über dem Einflugloch an die senkrechte Betonwand geklebt. 30 m darunter fließt die Aare. Solche Konstruktionen gibt es beim Mauersegler kaum.

Der Mauersegler rechts ist im Kampf unterlegen und möchte gerne fliehen. Er hat es bis zum Flugloch geschafft, wird dort aber vom Höhlenbesitzer festgehalten und muss in dieser misslichen Lage hängen bleiben, bis der andere gewillt ist loszulassen.

Verhalten von neuen Brutpaaren

Wie schon weiter oben beschrieben, besetzt ein Segler normalerweise eine Nisthöhle und sucht danach eine Partnerin/einen Partner. Dabei umwirbt der Vogel im Flug einen Segler des anderen Geschlechts. Das Balzverhalten wird im Kapitel «Flug» beschrieben. Der umworbene Partner folgt, wenn er sich überzeugen lässt, dem anderen; gemeinsam fliegen sie spielend mit hoher Geschwindigkeit über der Kolonie. In der Phase der Festigung der neuen Partnerschaft sind die beiden oft zusammen unterwegs [14].

Für die folgenden Szenen wählen wir wie bei der Beschreibung der Balz die klassische Variante mit dem Männchen als aktiver Teil. Der nächste Schritt besteht darin, dass das Männchen das Weibchen zur Nisthöhle führt und es einlädt, mit ihm einzufliegen. In immer engeren Kreisen fliegt es auf den Höhleneingang zu und begleitet seinen Anflug mit speziellen Rufen. Schließlich fliegt das Männchen ein, gefolgt vom Weibchen. Beim ersten Versuch gelingt es diesem meist nicht, dem Partner in die Höhle zu folgen, worauf dieser wieder ausfliegt und das Ritual von vorn beginnt. Das gemeinsame Einfliegen gelingt nur, wenn sich beide in einem perfekt abgestimmten Abstand folgen. Ist die Distanz zu kurz, hat das Männchen den Eingang noch nicht freigeben können, und das Weibchen fliegt wieder weg. Ist sie zu lang, entfällt die Wirkung der einladenden Geste. So kann es manchmal Tage dauern, bis das Paar den gemeinsamen Einflug schafft. Schließlich fliegt das Weibchen auch ohne Begleitung ein und wird dabei mit einem Ruf begrüßt [14].

In einem von Weitnauer [46] beschriebenen Fall lud das Weibchen das Männchen zum Einflug in den Nistkasten ein und umwarb dann dieses, als es sich nicht in die Höhle traute. Das Weibchen bot sich im Flug dem Männchen zur Begattung an. Schließlich klappte der Einflug, und das Paar zog danach 3 Junge auf.

Oft kommt es bei diesem gemeinsamen Nestbesetzen dazu, dass sich ein anderes Männchen störend einmischt, weil es das Weibchen für sich erobern will. Das kann zwischen den Männchen zu Verfolgungsjagden und Luftkämpfen oder Kampfhandlungen im Kasten führen.

Auch nach der gemeinsamen Inbesitznahme einer Bruthöhle ist die Partnerschaft nicht unbedingt so gefestigt, dass keine Zweifel über ihr Weiterbestehen aufkommen. Nach einer Konsolidierungsphase widmen sich beide Partner dem Nestbau, beginnen aber nur in den seltensten Fällen ein Gelege. Im folgenden Jahr hingegen zählt ein solches Paar zu den Erstbrütern [14].

Kämpfe

Bei den Bewohnern einer Mauerseglerkolonie kommt es unter dem Konkurrenzdruck sowohl bei der Besetzung eines Nistplatzes als auch bei der Partnerwerbung zu Konfliktsituationen. Luftkämpfe und Verfolgungsjagden werden dabei leidenschaftlich ausgefochten und dauern manchmal längere Zeit. Streitigkeiten im Nisthöhlenbereich beschränken sich nicht nur auf rituelle Scheingefechte. Genton & Jacquat [14] berichten von einem Kampf, der 345 Minuten gedauert hat. Die Auseinandersetzungen sind heftig und laut, nur in den Verschnaufpausen schweigen die Kontrahenten. Gekämpft wird hauptsächlich mit den Krallen, die nadelscharf sind. Auch Schnabelhiebe und heftige Flügelschläge werden ausgeteilt. Die beste Technik bei

Ein Mauerseglerpaar im Nestbereich. Der eine Altvogel sitzt auf dem Nest und deckt die Jungen. Die Partner sind untereinander sehr zärtlich. Sie kraulen sich gegenseitig das Gefieder und genießen diese «Liebesbezeugungen».

Auseinandersetzungen am Nest scheint zu sein, auf dem Rücken liegend den Gegner von unten mit den Krallen anzugreifen. Ziel sind vor allem die Krallen und die Brustmuskulatur des Gegners. Der Angriff geschieht mit der Absicht, den Widersacher zu verwunden. Wenn der Unterlegene sich abwendet und zu entkommen versucht, stürzt sich der andere auf den Bürzel, die Flügel oder den Schwanz des Verlierers.

Erkennt einer der Kämpfenden, dass er der schwächere ist, und will aufgeben, stößt er eine Art Unterlegenheitsruf aus. Das kann den Kampf beenden, aber es kommt vor, dass der Sieger weitermacht und den sich Unterwerfenden während längerer Zeit in einer sehr unangenehmen Lage hält; in solchen Fällen wurden 175, 34 und 28 Minuten gemessen [14]. Der Besiegte hat dabei den Kasten womöglich schon halb verlassen und versucht vergeblich, wegzufliegen. Ein Segler hielt den anderen während acht Minuten an den Handschwingen. Der Besiegte schwebte dabei freihängend in der Luft, unfähig, sich aus der misslichen Lage zu befreien. Offenbar geschieht es oft, dass der Sieger den Unterlegenen so lange wie möglich in der qualvollen Lage des Unterdrückten hält [14]. Bei der festgestellten langen Dauer von Kämpfen liegt der Schluss nahe, dass sie manchmal bis zur Erschöpfung ausgetragen werden. Nicht selten fließt auch Blut, und in Einzelfällen können solche Auseinandersetzungen sogar zum Tod des Unterlegenen führen.

Auch bei Alpenseglern kommt es zu Kämpfen, und es ist häufig zu beobachten, dass zwei Segler ineinander verkrallt aus einem Loch stürzen und zu Boden trudeln. Erst kurz vor dem Aufprall lassen sie los. Meist gelingt es beiden, sich wieder aufzuschwingen. Ob die Kämpfe mit der gleichen Intensität geführt werden wie bei den Mauerseglern, ist hingegen nicht bekannt.

Nistplatztreue, Partnertreue

Die Mauersegler gelten als ausgesprochen nistplatztreu. Meist wird sich ein Segler immer wieder in der bisherigen Höhle einfinden, sofern sie zur Verfügung steht. Paare vom Vorjahr finden sich deshalb im selben Nest wieder und erneuern ihre Beziehung. Freiwillige Wechsel sind eher selten. Dies geschieht manchmal bei Störungen, etwa durch das Eindringen von Mardern oder den Verlust der Jungen durch sonstige Fressfeinde, zum Beispiel Turmfalken. Meist sind äußere Umstände für die Aufgabe eines Nistplatzes verantwortlich. Bei Verlust eines Partners kommt es manchmal dazu, dass sich zwei Einzelvögel aus verschiedenen Nestern zusammentun, wobei zwangsweise der eine den Nistplatz wechselt. Manchmal wird ein Nest unbrauchbar, weil der Einflug durch Nistmaterial oder tote Vögel verstopft ist. Der häufigste Grund für einen Umzug ist wohl der Wegfall eines Nistplatzes durch Umbau am Gebäude oder dessen Abriss, in der Natur durch den Absturz einer Felsformation, die zum Brüten geeignete Spalten oder Löcher enthielt. Viele Mauersegler haben offenbar Mühe, sich mit dem Verlust des bisherigen Nistplatzes abzufinden, und bleiben oft längere Zeit in der Umgebung. Dabei fliegen sie, falls das Gebäude weiter besteht, noch wochenlang immer wieder den früheren Einflug an.

Alpensegler sind ihrem Nistplatz ebenfalls treu, wechseln ihn aber manchmal auch spontan. Sie beweisen eine erstaunliche Flexibilität, wie Erfahrungen in Bern zeigen (siehe Kasten). Störungen bei Kolonien, wie sie im Verlauf der letzten Jahrzehnte infolge von Gebäudesanierungen bei den meisten

bestehenden Kolonien vorkamen, führten gemäß den Bestandsaufnahmen nicht zu großen zahlenmäßigen Veränderungen. Dabei waren manchmal sämtliche Nester bei einem Standort nicht mehr zugänglich, und am Gebäude bereitgestellte Provisorien wurden nur in wenigen Fällen besetzt.

Bei der Sanierung der Berner Lorrainebrücke, dem Ort der damaligen Hauptkolonie, kam es Anfang der 1990er-Jahre zu spontanen Neuansiedlungen im Stadtgebiet. Auch schon vor längerer Zeit aufgegebene Plätze waren plötzlich wieder besetzt. Das Hauptgebäude der Universität entwickelte sich in dieser Zeit zum neuen Alpenseglerzentrum. Während der Sanierung des Universitätsgebäudes ab circa 2015 waren etappenweise einzelne Teile der Kolonie unzugänglich. Die in großer Zahl angebotenen Ersatzkästen wurden nur vereinzelt genutzt, viele Paare wichen am Gebäude selbst auf andere Nisthöhlen aus. Die jährliche Zählung ergab weder hier noch im ganzen Zählgebiet eine nennenswerte Verminderung der Brutpaare.

Viele Mauersegler bleiben über Jahre mit demselben Partner bzw. derselben Partnerin zusammen. Weitnauer [46] hat Paare beobachtet, die bis 13 Jahre lang zusammenblieben. Wie schon festgestellt, gehen sie im Überwinterungsgebiet zwar sehr oft getrennte Wege, beide kommen aber wieder ins selbe Nest zurück. Die vermeintliche Partnertreue ergibt sich also vielleicht eher aus der Treue zum Nistplatz. Allerdings kann demgegenüber geltend gemacht werden, dass sich die Partner aus dem Vorjahr wiedererkennen und spontan wieder zueinanderfinden. Die Wiedervereinigung kann auch außerhalb des Brutraums stattfinden (siehe Seite 107). Das spricht für die Partnertreue. Auch scheint es, dass sie ohne aufwendige Rituale ihre Partnerschaft erneuern. Die Partnerbindung wurde also durch den Aufenthalt im Überwinterungsgebiet nur unterbrochen und nicht aufgelöst. Neutral betrachtet ist es wohl auch von Vorteil, die schon bestehende Partnerschaft zu erneuern. Das spart Zeit und Energie. Dem steht die schon oft gemachte Beobachtung entgegen, dass sich aus den vorhandenen Seglern oft neue Paare bilden, wenn die Partner sich verspäten. Nachträglich eintreffende Nestpartner müssen sich dann im Kampf ihren Platz zurückzuerobern suchen. Offenbar dominiert der Drang, das Brutgeschäft erfolgreich gestalten zu können, und bringt die Vögel dazu, unbedingt rechtzeitig einen Partner/eine Partnerin zu finden. Das Ausbleiben des bisherigen Nestpartners stellt wohl vor allem wegen des Zeitdrucks das übergeordnete Ziel der Fortpflanzung infrage. Der Autor erlaubt sich das Fazit, dass es verschiedene Spielarten gibt: Teilweise läuft die Erneuerung der Partnerschaft über die Nistplatztreue, teilweise über die Partnertreue.

Brutbeginn

Ein Mauersegler ist mit einer Feder im Schnabel unterwegs zu seinem Nest.

Der Beginn des Brutgeschäfts hängt von verschiedenen Faktoren ab. Die Ankunft im Brutgebiet ist maßgebend für den weiteren Verlauf der Saison. Nördlichere Populationen des Mauerseglers (Norddeutschland, Skandinavien usw.) treffen später im Brutgebiet ein und beginnen das Brutgeschäft mit entsprechenden Verzögerungen gegenüber den weiter südlich beheimateten. Auch die Aufenthaltsdauer variiert je nach Breitengrad (siehe Kapitel «Jahresablauf, Zug»). Einen wesentlichen Einfluss hat das Wetter. Schlechtwetter auf dem Zugweg führt unter Umständen zu beträchtlichen Verspätungen bei der Ankunft. In der Folge treffen die Brutpaare nicht geschlossen ein, sondern nach und nach über einen längeren Zeitraum. Anhaltend schlechte Witterung nach der Ankunft kann die Eiablage weiter hinauszögern.

Die meisten erfahrenen Segler einer Kolonie beginnen ihr Brutgeschäft koordiniert, das heißt in einem Zeitrahmen von wenigen Tagen. Im Normalfall ist das Mitte Mai der Fall. Entsprechend fliegt ein Großteil der Jungvögel innerhalb der gleichen Zeitspanne aus (ab Mitte Juli).

Zu zeitlich verspäteten Bruten gegenüber der Mehrheit der Paare kommt es aus verschiedenen Gründen. In Jahren mit witterungsbedingt zeitlich auseinandergezogener Ankunft sind Bruten mit spätem Beginn häufiger als in «normalen» Jahren. Erstbrütende kommen generell erst circa zwei Wochen nach den erfahrenen Brutvögeln an und beginnen entsprechend später mit der Eiablage. Der Verlust eines Partners oder des bisherigen Nistplatzes zögert das Brutgeschäft wegen der Suche nach einem neuen Nistplatz oder Partner hinaus. Man spricht in diesen Fällen von Spätbruten. Es handelt sich um normale Bruten mit zeitlich deutlichem Abstand zum Großteil der Kolonie. Der Ausflug der Jungvögel erfolgt bis 1,5 Monate später, bei den Mauerseglern bis Mitte September, bei den Alpenseglern bis Anfang Oktober.

Beim Verlust des Geleges oder der Jungen kommt es manchmal zu einem Nach- oder Ersatzgelege, das meist aus nur zwei Eiern besteht. Ein Nachgelege kommt erst circa zehn Tage bis zwei Wochen nach dem Verlust des ersten Geleges zustande, denn die Vögel müssen für diesen Neustart erst einmal wieder in Brutstimmung kommen. Auch diese Ersatzbruten fliegen spät aus.

Späte Nachgelege haben nicht allzu gute Erfolgsaussichten. Weitnauer [46] hat festgestellt, dass Spätbruten meist bis zum Ausfliegen kommen, während bei Ersatzgelegen oft die Brut abgebrochen wird. Jungvögel sind dann dem Hungertod überlassen. Schon mehrmals hat der Autor nach der eigentlichen Brutzeit solche stark abgemagerten Jungvögel gefunden, die, zwar fast ausgewachsen, aber nicht flügge, kurz vor dem Verhungern aus dem Nest geflattert waren. Weitnauer [46] vermutete, dass der Bruttrieb bei Ersatzgelegen nicht mehr so ausgeprägt ist wie bei Erstgelegen und im Verlauf der Saison von dem zunehmenden Zugtrieb überlagert wird. Das führt schließlich zum Verlassen der Brut, vor allem bei fortgeschrittener Jahreszeit.

Anders als bei Nachgelegen wird bei echten Zweitbruten nach erfolgreicher Erstbrut, also nach dem Ausfliegen der Jungen, noch einmal gebrütet. Angesichts der langen Zeitspanne von der Eiablage bis zum Ausfliegen sind die Jungen einer solchen Zweitbrut sehr spät flügge. Fahlsegler brüten während ihrer langen Aufenthaltszeit sehr oft ein zweites Mal in einer Saison; Alpensegler mit ihrer sehr langen Brutzeit sind dazu nicht in der Lage, Mauersegler mit ihrer kurzen Aufenthaltszeit nur in Ausnahmefällen.

Zweitbruten von Mauerseglern sind also selten, wurden aber in Mitteleuropa beobachtet, so im Jahr 2004. In einer Kolonie in Kronberg bei Frankfurt am Main flogen allerdings von 13 Bruten nur zwei Jungvögel einer Brut aus, acht Brutpaare zogen vor dem Schlüpftermin weg, bei vier Paaren wurden die geschlüpften Jungen vorzeitig verlassen. Der Bruterfolg ist also gering, in der Regel werden solche Versuche vorzeitig abgebrochen [39].

Hans Schmid [39] von der schweizerischen Vogelwarte Sempach forschte nach ähnlichen Fällen. Tatsächlich fand er bei sechs Paaren an fünf Orten in der Schweiz zwar keine eindeutigen Beweise, aber doch starke Hinweise auf Zweitbruten. Warum es im Jahr 2004 zu dieser außerordentlichen Häufung kam, ist unklar [39].

Nach der Eiablage wird ununterbrochen gebrütet. Die Eier sind weiß und länglich oval. Sie unterscheiden sich beim Alpensegler nur in der Größe von denen des Mauerseglers auf dieser Abbildung.

Nestbau

Nach dem Bezug einer neuen Nisthöhle macht sich das Brutpaar an den Bau eines Nests. Die Vögel nehmen dabei aus der Luft alles in den Schnabel, was sich zum Bauen eignet und von der Größe her passt. Segler gehen nicht zu Boden, wie schon früher festgestellt, und deshalb kann die Suche nach geeignetem Material zeitaufwendig sein. Hilfreich ist da oft der Wind, der Blätter, Halme, Löwenzahn-Flugsamen, Federchen usw. vom Boden aufwirbelt. Ein willkommenes Baumaterial liefern Buchenknospen-Hüllen, die meist in der Zeit des Nestbaus zu Boden fallen. Beliebt sind auch gerade bei Mauerseglern Sperlingsnester, in die sie unter Verwendung des vorhandenen Materials ihr eigenes Nest bauen. Sie verkleben mit ihrem Speichel Halme auf dem viel größeren Sperlingsnest zu einer flachen Mulde.

Mauersegler dulden wie schon früher erwähnt in ihrer Höhle kein anderes Seglerpaar. Eine Mauerseglerkolonie kann zwar eine Vielzahl von Paaren am selben Gebäude umfassen, aber jedes Paar beansprucht einen eigenen Brutraum.

Alpensegler nisten nicht selten einzeln, oft jedoch zu Dutzenden oder gar Hunderten in größeren Räumen wie Dachböden, Vordächern usw. Ihre Nester können nahe beim Einflug liegen, andere sind mehrere Meter vom Flugloch entfernt. Gebaut wird nicht nur auf ebener Unterlage, sondern auch unter Nutzung diverser baulicher Strukturen wie Balken, Mauervorsprünge und Ähnlichem. Manche Nester finden sich auf schräger Ebene, auskragend oder in einzelnen Fällen sogar seitlich angeklebt ohne Unterlage. Die Nester sind zuweilen nicht mehr als 30 cm voneinander entfernt.

Im Nistbereich mögen es die Segler dunkel. Deshalb wird das Nest im hinteren Bereich der Höhle angelegt. Das gesammelte Material wird mithilfe des Speichelsekrets ringförmig an den Untergrund geklebt. An natürlichen Brutstandorten ist das Nest von Alpenseglern oft frei hängend zwischen den Wänden einer Felsspalte gebaut. Die Konstruktion wird dann von beiden Seiten her vorangetrieben. Wenn der Speichel trocknet, verbindet er die verbauten Materialien zu einem festen Gebilde. Im Verlauf der Arbeit wird aus dem Ring ein flacher Napf, der, sofern verfügbar, mit Federchen ausgekleidet wird. Am Bau beteiligen sich beide Geschlechter. Auch nach der Eiablage wird noch bis zum Schlüpfen der Jungen weiter am Nest gebaut. Die Nestgröße (Außendurchmesser) beträgt bei den Mauerseglern 11 cm, bei den Alpenseglern 12 bis 13 cm.

Der Bau dauert unterschiedlich lange. Witterung und greifbare Bausubstanz spielen eine Rolle, aber auch das individuelle Tempo der Bauherren hat einen nicht geringen Einfluss. So kann ein Mauerseglernest in zehn bis zwölf Tagen bezugsbereit sein, es kann aber bis zur Vollendung auch mehr als eine Brutsaison dauern [46].

Alpensegler treffen wesentlich früher am Brutort ein als Mauersegler und haben – bei gleichem Brutbeginn – entsprechend mehr Zeit zum Nestbau. Bei den Mauerseglern ist hingegen der Zeitdruck groß. So ist bei einem Neubau das Nest oft erst in rudimentärer Form als Ring ohne Boden gediehen, wenn es zur Eiablage kommt. Mauersegler im Vorbrüterstadium brüten nicht mehr im gleichen Jahr und vollenden ihr Nest erst im Folgejahr. Das kann aber auch bei Erstbrütern der Fall sein, wenn sie mit dem Nestbau nicht genügend vorankommen.

Mauerseglernest auf natürlicher Unterlage. Grashalme, Federn u. a. m. sind mit Speichel zu einer Mulde verklebt. Das Junge ist frisch geschlüpft. Das zweite wird bald folgen.

Mauerseglerjunge, ca. 1 Woche alt, betteln den Elternvogel an.

Ein einmal angelegtes Nest wird jedes Jahr wieder benutzt. Organisches Material zersetzt sich mit der Zeit oder wird von Milben und ähnlichen Nestbewohnern verzehrt (Speichel!). Auch die Benutzung durch eine fünfköpfige Familie beansprucht die Struktur. Das Nest wird deshalb im Folgejahr ausgebessert und weiter aufgebaut. Mit der Zeit kann es eine beträchtliche Höhe erreichen. Trotz des sorgfältigen Unterhalts zerfällt so ein Gebilde manchmal oder löst sich vom Untergrund. Besonders fatal wirkt sich das aus, wenn es, wie bei Alpenseglern häufig, nicht auf horizontalem Grund, sondern auf schräger Ebene klebt. In der Folge stürzt alles unrettbar ab, bereits vorhandene Eier oder Junge sind verloren. Meist wird in der Folge an derselben Stelle wieder ein neues Nest in Angriff genommen.

Von der Paarung bis zum Schlüpfen

Fütterung eines jungen Mauerseglers, ca. 15 Tage alt. Bei der Übergabe des Futterballens schließen beide Vögel die Augen. Das Junge kann den Schlund extrem weit öffnen. Die Nestmulde ist eine künstliche Nisthilfe.

Die Paarung findet meist auf dem Nest statt, kann aber auch in der Luft erfolgen (Beschreibung siehe Kapitel «Flug»). Sie dauert wie bei den meisten Vögeln nur Sekunden. Dabei presst das auf dem Rücken des Weibchens balancierende Männchen seine Kloake auf die des Weibchens und übergibt so den Samen.

Am Tag nach der Begattung legt das Weibchen das erste Ei, meist in den Morgen- oder Nachmittagsstunden [3]. Zwischen den Eiablagen wird jeweils eine Pause von einem Tag (manchmal zwei Tagen) eingelegt. Standardmäßig legen Segler drei Eier, unter schlechten Verhältnissen oder bei Erstbrütern sind es meist nur zwei. In guten Jahren entschließen sich einzelne Paare zu einer Viererbrut. Allerdings sind nur erfahrene und kräftige Vögel in der Lage, vier Junge aufzuziehen.

Ein Futterballen des Mauerseglers, ca. 1 cm Durchmesser, zwischen 2 und 3 g schwer.

Die dauerhafte Bebrütung beginnt normalerweise nach der Ablage des zweiten Eis [46], bei den Alpenseglern offenbar nach dem Legen des letzten Eis [3]. Männchen und Weibchen lösen sich ab. Während der Brutzeit werden die Eier selten und nur für kurze Zeit verlassen. Wie aber nachgewiesen wurde, sind in Einzelfällen dennoch auch Junge geschlüpft, nachdem die Eier kurz vor dem Schlüpftermin für drei bis vier Tage verlassen waren ([46], Eigenbeobachtung des Autors bei Alpenseglern in Burgdorf/Schweiz). Die Jungen scheinen in dieser Hinsicht überraschend zäh zu sein. Allerdings zeigt sich auch, dass der Schlüpferfolg sich verringert, wenn das Gelege wegen Störungen öfter allein gelassen wird.

Verschlechtert sich das Wetter während der Brutzeit (Regen, tagelange tiefe Temperaturen), wird häufig das Gelege reduziert, indem das Weibchen ein Ei aus dem Nest stößt. Dieses Verhalten kann sich bei anhaltend schlechter Witterung wiederholen. So kommt es in schlechten Jahren zu einer Häufung von Zweierbruten, vereinzelt wird sogar nur ein Ei ausgebrütet. Totalverluste von Gelegen kommen ebenfalls vor (siehe auch Abschnitt «Bruterfolg»). Diese «Geburtenregulierung» erfolgt offenbar im Hinblick auf ein eher schlechtes Jahr mit sich abzeichnendem Nahrungsmangel. Wie bei vielen Verhaltensweisen gibt es auch in dieser Hinsicht große individuelle Unterschiede zwischen den Brutpaaren. Wesentlichen Einfluss haben wohl die Faktoren Erfahrung und körperliche Leistungsfähigkeit.

Aufzucht und Entwicklung der Jungen

Elternvogel bei seinen Jungen. Diese dürften 10–12 Tage alt sein. Neben dem Nest sind Kotballen sichtbar.

Wenn alles gut geht, schlüpfen bei beiden Seglerarten nach 18 bis 22 Tagen die Jungen, meist innerhalb von 24 Stunden. Sie kommen nackt und blind zur Welt und werden in der ersten Woche fast ununterbrochen von einem Altvogel gehudert. Bei Störungen oder auch bei sehr warmem Wetter werden sie mitunter für kurze Zeit allein gelassen. Während der eine Partner die Jungen wärmt, geht der andere auf Nahrungssuche. Sobald das Dunenkleid ausgebildet ist, werden die Jungen immer öfter allein gelassen.

Ab dem zehnten Lebenstag müssen beide Eltern für den hungrigen Nachwuchs Nahrung suchen. Bei optimalen Bedingungen wird eine Dreierbrut der Mauersegler ab einem Alter von circa 20 Tagen bis zu 38-mal [17] pro Tag gefüttert, bei den Alpenseglern bis zu 16-mal [3]. Die eingebrachte Futtermenge kann beim Mauersegler bis zu 50 g betragen. Der heimgebrachte Nahrungsballen wird in den ersten Tagen unter den Jungen aufgeteilt, später bekommt jeweils ein Küken die ganze Portion. Bei beiden Seglerarten sind im Übrigen unter gleichen Bedingungen die individuellen Unterschiede in der Brutfürsorge groß.

Schon von klein auf geschieht die Nahrungsübergabe, indem das Junge den Schnabel über den des Elternteils stülpt, worauf dieser das Futter aus dem Kropf hochwürgt und in den Schlund des Jungen schiebt. Dieses reagiert

Fütterung bei einer Zweierbrut. Die Jungen sind schon älter und betteln den Elternvogel ganz links im Bild heftig an.

dann mit heftigen Schluckbewegungen. Da es sich vor allem für kleinere Junge um eine große Futtermenge handelt, kann es trotz der intensiven Bemühungen eine ganze Weile dauern, bis der Ballen im Magen ankommt. Nach der Fütterung betreiben die Nestlinge Gefiederpflege oder schlafen, bis die Eltern wieder mit Futter erscheinen. Normalerweise werden alle Jungen gleichmäßig gefüttert. Wird jedoch das Futter knapp, geht das jüngste und schwächste oft leer aus. Meist überlebt es, wenn sich das Wetter nach einiger Zeit bessert, hat dann aber einen Entwicklungsrückstand auf die anderen und wird erst einige Tage später flügge.

Ein Futterballen hat beim Mauersegler ein Gewicht von 2–3, beim Alpensegler von 3–4 g. Er besteht hauptsächlich aus Spinnen, Wanzen, Zikaden, Blattläusen, Schlupfwespen, Ameisen (Flugameisen), Käfern, Fliegen, Eintagsfliegen und anderem mehr. Über 500 Arten wurden in Futterballen festgestellt. Ein solcher besteht beim Mauersegler aus 90 bis 800, im Extremfall sogar bis 1500 Tieren, je nach deren Größe [46]. Da der Alpensegler größere Beute aufnehmen kann als der Mauersegler, enthält ein solcher Futterballen

mit 80 bis 700 deutlich weniger davon. Manchmal befinden sich auch Drohnen der Honigbiene darunter, jedoch keine Arbeitsbienen. Oft lebt bei der Nahrungsübergabe noch ein Teil der Beutetiere.

Die eiweißreiche Nahrung ist leicht verdaulich und enthält auch die nötige Menge Flüssigkeit. Nur in Ausnahmefällen, beispielsweise bei großer Hitze, brauchen die Segler zusätzlich Wasser (siehe Kapitel «Flug», Abschnitt «Trinken im Flug»).

Die Entwicklung der Jungen verläuft wesentlich langsamer als bei Singvögeln, etwa den Schwalben. Ein frisch geschlüpfter Mauersegler wiegt circa 2–3 g [46], ein Alpensegler 6 g [17]. Das Gewicht nimmt rasch zu und erreicht das Maximum am 24. Tag. Die Jungen werden bis zu 58 g schwer und übertreffen damit die Eltern um einiges [46]. Beim Alpensegler erreichen die Jungen das Gewicht der Eltern am 24. Tag und das Höchstgewicht (bis 120 g) um den 35. Tag [3]. Diese Reserve dient zum Ausgleich für schlechte Tage. Erst kurz vor dem Ausfliegen nimmt das Junge wieder ab und kommt auf das Normalgewicht der Altvögel. Pro Tag kann ein junger Mauersegler bis

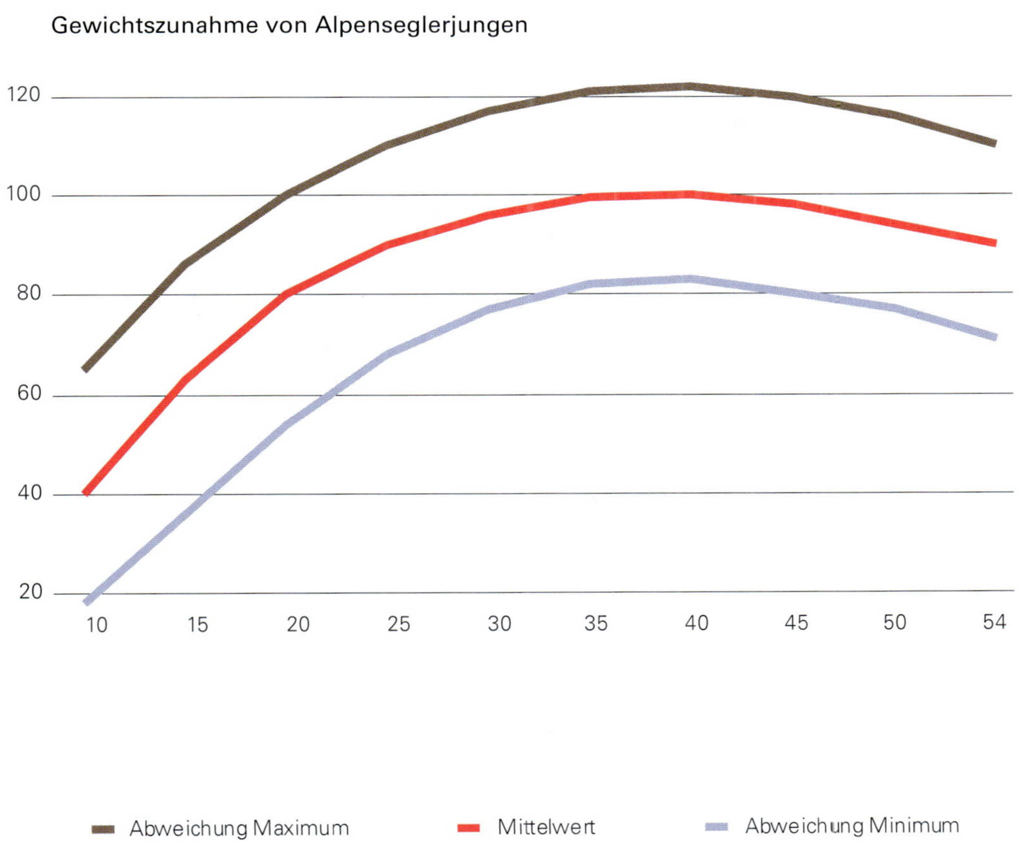

Gewichtsentwicklung junger Alpensegler
Die vertikale Achse gibt das gemessene Gewicht der Jungen wieder, die horizontale Achse das Alter in Tagen nach dem Schlüpfen. Der Mittelwert zeigt den «Normalverlauf», die obere und untere Linie die maximale Abweichung einzelner Nester. Extremwerte wurden nicht berücksichtigt. Die Gewichtsentwicklung verläuft zunächst steil nach oben, verflacht sich dann und erreicht um den 35. Tag den Höchstwert. Zum Ausflugstermin hin verlieren die Jungen wieder an Gewicht. Einzelne erreichen ein Maximalgewicht von 120 g. Die Variationsbreite ist groß (kleinstes Maximalgewicht 80 g, Differenz 40 g!). Beim Mauersegler verläuft die Kurve analog, aber um zwei Wochen verkürzt bei einem Gewichtsmaximum von ca. 50–55 g. Mit freundlicher Genehmigung M. Gerber [15], modifiziert

Dieser junge Mauersegler gähnt von Herzen, vielleicht nach einer guten Mahlzeit.

zu 7 g zunehmen (ein Alpensegler entsprechend seiner Größe noch mehr). Der Verlauf der Gewichtszunahme ist stark vom Faktor Witterung abhängig.

Die Augen der jungen Mauersegler öffnen sich am 10. Tag. Am 3. oder 4. Tag zeigen sich auf dem Rücken schwarze Punkte, aus denen die grauen Dunen durch die Haut brechen. Diese bleiben auch nach der Ausbildung der Deckfedern bestehen. Am 20. Tag ist der Kopf vollständig befiedert, am 30. Tag der ganze Vogel mit Ausnahme des Halses. Die Schwung- und Steuerfedern entwickeln sich folgendermaßen: «Die Kiele durchstoßen im Mittel am 7. Tag die Haut und öffnen sich am 9. Tag» [46]. Ihr Wachstum endet erst zum Zeitpunkt des Ausfliegens.

Die Entwicklung der jungen Alpensegler verläuft im Prinzip gleich wie die der Mauersegler. Braucht der Mauersegler im Durchschnitt 42 Tage bis zum Ausfliegen, so sind es beim Alpensegler 56 bis 57 Tage. Der Alpensegler ist wesentlich größer als der Mauersegler und entsprechend rund doppelt so schwer. Der hauptsächliche Zeitfaktor ist bei beiden Arten das Auswachsen der längsten Schwungfedern. Die Wachstumsgeschwindigkeit beträgt im Idealfall beim Alpensegler circa 8–10 mm pro Tag [3], beim Mauersegler circa 6–7 mm [46]. Der Vogel ist gegen Ende der Brutzeit meist von der körperlichen Entwicklung und vom Gefieder her schon fertig, muss aber noch mehrere Tage darauf warten, dass die längsten Steuerfedern und die längsten Hand-

schwingen ausgewachsen sind. Dann hört die Durchblutung der Kiele auf. Die Jungen fliegen von sich aus immer erst nach dem Abschluss des Federwachstums aus, manche Mauersegler nach 38 Tagen, andere erst nach 46 Tagen [46]. Beim Alpensegler variiert das Ausflugsalter von 53 bis 66 Tagen [3]. Es kann deshalb vermutet werden, dass damit im Körper ein (hormonelles?) Signal ausgelöst wird, das den Jungvogel zum Ausfliegen bringt. Vermutungen, die mit der Abnahme der Fütterungen durch die Eltern kurz vor dem Ausfliegen und dem Hungergefühl des Jungen als auslösendem Faktor spekulieren, haben sich nicht bestätigt [14].

Susanna Meyer [55] wurde 2020 Zeugin eines bemerkenswerten Geschehens in einem Mauersegler-Nistkasten. Am 3. Mai besetzte ein neues Männchen (V2) den Kasten und verpaarte sich mit dem vorjährigen Weibchen. Bei der Rückkehr des alten Männchens (V3) am 7. Mai kam es zum Kampf. Dabei unterlag V3. Das neue Paar zog danach 3 Junge auf. Am 18. Juni flog V3 wieder in den Kasten ein. Beim nachfolgenden Kampf unterlag diesmal V2. Die 3 Jungen waren inzwischen 10 Tage alt. V2 kehrte nicht zurück, und V3 bezog den Kasten, ohne sich jedoch um die Jungen zu kümmern. In den folgenden 10 Tagen fütterte das Weibchen allein und erhöhte dabei die Anzahl der Einflüge auf bis zu 31. Erst nach 10 Tagen begann V3 selbst zu füttern. Die Leistung des Weibchens (eine Verdoppelung der Fütterungen während 10 Tagen) ist rekordverdächtig.

Kotabgabe

Der Kot kleinerer Nestlinge wird von den Eltern aufgenommen und fortgetragen. Später erleichtern sich die Jungen neben dem Nest, noch ältere Junge schieben sich rückwärts zum Einflug und koten ins Freie. Die Kotbällchen sind oval geformt und von einer weißen Hülle umgeben (Urin, der schnell trocknet), innen dagegen schwarz, trocken und pulverig, bestehend aus den Chitinresten der Beutetiere.

TIPP Kotspuren unterhalb von Seglernestern sind feststellbar, verursachen aber in den wenigsten Fällen Probleme. Am Boden angekommen, zerfallen die kompakten Bällchen leicht und werden vom Regen weggewaschen. Nur in heiklen Zonen, zum Beispiel oberhalb parkender Autos oder von Sitzplätzen oder Esstischen, können sie stören. Auf Kiesflächen oder bepflanzten Rabatten hingegen hinterlassen sie keine sichtbaren Spuren. Bei der Montage von Nistkästen ist es empfehlenswert, solche Überlegungen einzubeziehen.

Einfluss des Wetters, Torpor

Die Entwicklung der Jungvögel wird entscheidend vom Wetter geprägt. Das ideale Jagdwetter beinhaltet Temperaturen über 20 °C, Sonnenschein und schwachen Wind bis Windstille. Jede Abweichung davon (viele Wolken, stärkerer Wind, tiefere Temperaturen, Regen usw.) bedeutet eine Verschlechterung der Bedingungen. Für die Fütterung der Jungen heißt dies, dass die Eltern länger unterwegs sind, bis genügend Beutetiere gefangen sind. Dennoch sind die Nahrungsballen bei weniger guten Bedingungen oft wesentlich kleiner als normal. Bei guten Verhältnissen füttern Mauersegler mit einer Dreierbrut bis zu 13-mal und 17 Gramm pro Tag und Junges. Bei kühlem, regnerischem Wetter wird nur 7-mal gefüttert [14], und das Gewicht der einzelnen Futterballen sinkt. Beim Alpensegler vermindert sich die Zahl der Einflüge bei schlechtem Wetter ebenfalls beträchtlich. In Zeiten von Nahrungsmangel wird hauptsächlich das stärkste Junge gefüttert. Dieses Verhalten erhöht die Chance, dass mindestens ein Junges flügge wird.

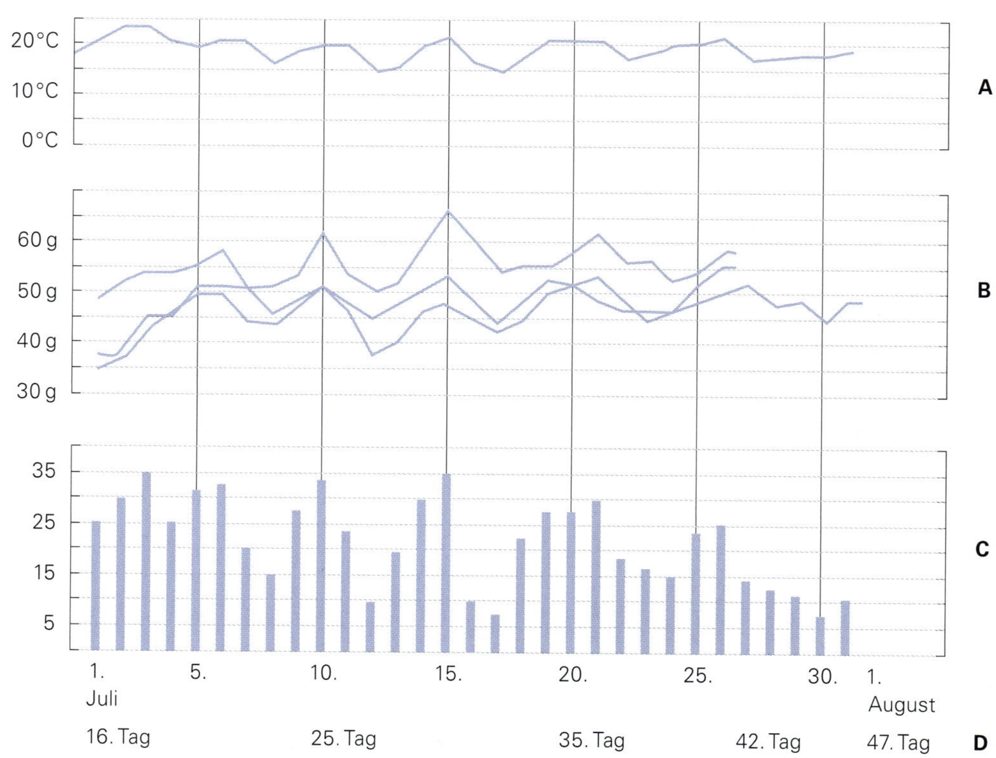

Der Einfluss der Temperatur auf die Anzahl der Fütterungen und die Gewichtszunahme von 3 jungen Mauerseglern aus dem gleichen Nest, Juli 1940.

A mittlere Tagestemperatur
B Körpergewicht
C Anzahl der Fütterungen
D Alter der Jungen

Die Temperatur korreliert mit der Anzahl Fütterungen. Auch das Gewicht der Jungen schwankt entsprechend den Bedingungen. Bei Temperaturen von 15 °C und weniger sinkt die Zahl der Fütterungen drastisch (von 30–35 auf 7–10).

Abdruck mit freundlicher Genehmigung des Verlags, Autor Emil Weitnauer [46]

Bei sehr schlechtem Wetter kann kein Futter mehr beschafft werden. Dauern solche Verhältnisse mehrere Tage, sorgt eine bemerkenswerte Umstellung der Körperfunktionen dafür, dass der Jungvogel möglichst wenig Energie verbraucht und so länger ohne Nahrung überleben kann. Möglicherweise haben sich die Eltern auf eine Wetterflucht begeben und die Jungen sich selbst überlassen. Die besagte «Torpor» genannte Funktion bewirkt folgende physiologischen Veränderungen (Werte des Mauerseglers): Magen und Darm entleeren sich vollständig. Die Körpertemperatur senkt sich ab (im Extremfall bis auf knapp über 20 °C), Atemfrequenz (von 90 auf 20) und Herzschlag verlangsamen sich. Das Wachstum des Gefieders hört nach drei bis vier Tagen auf. Zuerst werden die Fettreserven aufgebraucht, danach wird vor allem die Brustmuskulatur abgebaut. Dadurch verliert der Vogel erheblich an Gewicht. Ein Junges kann so bis zu zehn Tage, im Extremfall noch einen oder zwei Tage länger überleben.

Die Überlebensdauer hängt von verschiedenen Faktoren ab: Temperatur im Nest, Zustand vor Beginn der Hungerperiode (Fettreserven), Alter des Vogels, Zustand des Federkleids. Sinkt das Gewicht bei einem älteren Jungen unter 30 g, wird es kritisch, ebenso bei einer Körpertemperatur unter 36 °C.

Junge Mauersegler, ca. 20 Tage alt

Mauersegler,
ca. 30 Tage alt

Jüngere Vögel, circa 20 Tage alt, können sowohl beim Gewicht als auch bei der Temperatur tiefere Werte (bis 26 g und 22 °C [46]) überstehen.

Kommen die Eltern mit Futter zurück, werden die Jungen zunächst aufgewärmt und erst dann gefüttert. Bei guten Bedingungen erholen sie sich rasch. Erstaunlich ist, dass der Wachstumsstillstand der Federn keine negativen Folgen hat. Die Federn sind nach Wiederaufnahme des Wachstums genauso kräftig und gesund wie normal gewachsene, also auch nicht bruchgefährdet.

Erwachsene Segler können auf dieselbe Art Hungerperioden überstehen, allerdings sind ihre Reserven schneller erschöpft, sie halten also wesentlich weniger lang durch. Meist befindet sich ein solcher Vogel nach vier bis fünf Tagen in einem stark geschwächten Zustand, der das Fliegen unmöglich macht.

In jüngster Zeit wurde festgestellt, dass erwachsene Vögel beim Übernachten auf dem Nest dieselbe Methode anwenden und so Energie sparen [47].

Manchmal sind die Wetterbedingungen so schlecht, dass auch die angesprochene Hungerstrategie nichts nützt. Dann sterben nach und nach immer mehr Junge, zuerst die schwächeren, dann die kräftigen. Leider gehören auch solche Beobachtungen zu den Erfahrungen bei der Betreuung von Seglern. Es gibt immerhin Unterschiede, die staunen machen. Während in vielen Nestern alle oder der größte Teil der Jungvögel sterben, finden sich in einigen Bruten drei Junge, die überleben. Das hängt wohl mit der körperlichen Robustheit und der Erfahrung der Eltern zusammen: Starke Vögel sind trotz widriger Umstände in der Lage, Nahrung für ihren Nachwuchs zu finden und sie über die kritische Zeit zu bringen ([17], eigene Beobachtung des Autors).

Junger Mauersegler bei der Körperpflege. Er steht kurz vor dem Ausfliegen.

Die Lausfliege ist in fast allen Seglernestern anzutreffen. Hier die *Crataerina pallida* der Mauersegler.

Parasiten

Zu den Parasiten der Segler gehören wie bei vielen Vögeln Vogelmilben (wie die Schwalbenmilbe, *Dermanyssus hirundinis*) und Federlinge (Mallophaga). Artspezifische Parasiten sind Lausfliegen (*Crataerina melba* beim Alpensegler, *Crataerina pallida* beim Mauersegler). Sie sind nur bei der entsprechenden Seglerart zu finden. Die fluguntüchtigen Blutsauger verstecken sich im Gefieder der Segler und krabbeln dort flink und geschickt herum. Die Lausfliegen vermehren sich, indem sie in der Umgebung des Nests ihre Eier ablegen. Ihr Lebenszyklus ist genau auf denjenigen der Wirtstiere abgestimmt. Sie schlüpfen synchron mit den Jungvögeln. Die Segler kümmern sich nicht um sie und entfernen sie auch nicht, wenn sie dazu Gelegenheit haben.

Es sind einige Forschungen auf diesem Gebiet unternommen worden, um herauszufinden, ob die Lausfliegen Einfluss auf die Überlebensrate der jungen Segler haben. Auch ein zahlreicher Befall in einem Nest führt nicht direkt zum Tod. Hingegen kann ein schon durch schlechte Ernährung geschwächter Jungsegler bei übermäßigem Auftreten der Lausfliegen so stark beeinträchtigt werden, dass er nicht zum Ausfliegen kommt. Verschiedene Faktoren müssen also zusammenwirken. In jüngster Zeit sind die Lausfliegen in Verdacht geraten, bei einer tödlichen Krankheit junger Alpensegler als Überträger zu wirken. Arn [3] schreibt, dass die Lausfliegen nicht mit auf die Reise nach Afrika gehen. Dennoch hat der Autor auf erwachsenen Alpenseglern, die außerhalb des Nests aufgegriffen wurden, Exemplare gefunden. Wie sollten sie sonst an einen neuen Neststandort gelangen, wenn sie nicht im Gefieder von erwachsenen Seglern mitreisen?

Im Nest und dessen Umgebung halten sich verschiedene Mitbewohner auf (Milben, Staubläuse, Wanzen, Fliegen, Käfer), die keinen Einfluss auf die Segler nehmen.

Ausfliegen der Jungen

Schon einige Zeit vor dem Jungfernflug üben Jungsegler ihre Flugmuskulatur, indem sie während längerer Zeit mit den Flügeln flattern und «Liegestütze» machen. Dabei drücken sie sich mit den Flügeln vom Boden ab und verharren sekundenlang in dieser Position. In den letzten Tagen vor dem Ausfliegen schauen Mauersegler zum Einflugloch hinaus und beobachten dabei die Umgebung und die herumfliegenden Segler. Alpensegler verlassen oft ihr Nest und begeben sich in die Nähe des Einfluglochs, das manchmal mehrere Meter vom Nest entfernt liegt. Dort erwarten sie ihre Eltern und betteln um Nahrung.

Erst wenn die letzten – größten – Handschwingen ausgewachsen sind und deren Blutzufuhr aufgehört hat (die Federkiele sind dann weiß und nicht mehr rötlich gefärbt), ist der Jungsegler bereit zum Ausflug. Dieser erfolgt oft in Abwesenheit der Altvögel (nur in 33 % der Ausflüge ist mindestens ein Elternteil anwesend), bevorzugt aber in der Dämmerung kurz vor Einbruch der Nacht (93 von 95 beobachteten Ausflügen, im Mittel um 21:35 Uhr. 80 % zwischen 21:30 Uhr und 22:00 Uhr [14]). Kaiser [23] berichtet, dass in seiner Kolonie in Kronberg bei Frankfurt am Main 75 Prozent zwischen 20.30 Uhr und 21.30 Uhr ausfliegen. Das dient unter anderem dazu, die Kollisionsgefahr mit anderen Seglern zu umgehen, in erster Linie aber dem Vermeiden von Feinden wie Falken, Sperber usw. Die meisten Jungen fliegen bei gutem Wetter, guten Lichtverhältnissen und einer leichten Brise aus [14]. Beobachtet man die Jungen, so entsteht der Eindruck, sie seien nervös oder aufs Höchste angespannt, ähnlich wie Sportler vor ihrem Einsatz. Kurz vor dem Start sind sie sehr unruhig. Dies ist begreiflich, begeben sie sich doch in eine ihnen völlig fremde Welt. Sie haben keine Zeit zum Üben und Lernen, so wie etwa junge Amseln oder Sperlinge. Der erste Versuch muss gelingen, sonst droht meist der sichere Tod.

Beim Ausfliegen flattern die Jungen auf den ersten Metern vehement, noch unsicher, wie das neue Element sie trägt. Sie sind darauf bedacht, möglichst wenig an Höhe zu verlieren. Meist gelingt ihnen das (im Mittel weniger als 1,2 m [14]), und nach den ersten Metern gehen sie in einen Horizontalflug über. Danach beginnt meist ein markanter Steigflug mit einem Winkel von 13 bis 14 Grad [14]. Von diesem Moment an sind sie selbstständig und nicht mehr auf die Hilfe ihrer Eltern angewiesen. Meist schließen sie sich herumfliegenden Schwärmen an, bis sie schon nach wenigen Tagen zur Reise ins Winterquartier aufbrechen.

Nächste Seite:
Einige Tage vor dem Ausfliegen halten sich die jungen Mauersegler oft beim Einflug auf und schauen hinaus. Sie beobachten die Umgebung und die Aktivitäten der anderen Segler. Vermutlich handelt es sich auch um eine mentale Vorbereitung auf das Ausfliegen.

Nicht immer gelingt der Ausflug. So hat der Autor einmal auf dem Arbeitsweg einen flüggen Mauersegler mitten auf der Thunstrasse in Bern gefunden. Er war möglicherweise mit einem der Alleebäume kollidiert und zu Boden gegangen. Später flog er aus der Hand ab und zeigte keine Mühe, sich in die Höhe zu schrauben.

Ein anderer Mauersegler flog aus einem Kasten aus, der gegenüber einer weißen Turnhallenwand lag. Es war schon ziemlich dunkel. Im Irrtum, dass die helle Fläche kein Hindernis sei, kollidierte er mit der Wand und fiel benommen zu Boden. Nach der Pflege in einer Seglerstation konnte er etwas verspätet einen zweiten Versuch starten, diesmal erfolgreich. Kurz vor diesem Vogel hatte schon ein Jungsegler aus dem gleichen Nest den ersten Start gewagt. Auch dieser flog zuerst auf die weiße Wand zu, bemerkte aber noch rechtzeitig den Irrtum und konnte mit Abbremsen und großem Kraftaufwand noch gerade am Hindernis vorbeimanövrieren.

Verhalten der Eltern beim Ausfliegen der Brut

Es kommt vor, dass ein Junges kurz vor dem Ausfliegen von sich aus keine Nahrung mehr zu sich nimmt. Manchmal kehren auch die Eltern ohne Nahrung zum Nest zurück. Dabei handelt es sich um eine Art Kontrolle. Auch das Gegenteil kommt vor: Ein Elternvogel kommt mit Futter zum Nest, aus dem in der Zwischenzeit das letzte Junge ausgeflogen ist. Der mitgebrachte Futterballen wird entweder geschluckt oder manchmal auch ausgespien.

Mindestens eine Woche vor dem Ausfliegen üben die Jungen die Flugmuskulatur mit vibrierenden Flügelschlägen und mit «Liegestützen». Dabei drücken sie sich mit den seitlich ausgestreckten Flügeln vom Boden ab und bleiben bis zu 10 Sekunden und mehr in dieser Position.

Die Eltern beeinflussen im Gegensatz zu anderen Vögeln, die ihre Jungen aus dem Nest locken, den Vorgang des Ausfliegens nicht. Das Junge entscheidet eigenständig über den Zeitpunkt. Im Normalfall kehren die Eltern noch rund fünf Tage lang ins leere Nest zurück, bevor sie sich selbst auf den Zug begeben. Möglicherweise schützen sie ihr Nest damit vor verspäteten Interessenten. Bei späten Bruten hingegen verlassen die Eltern die Kolonie etwa anderthalb Tage vor dem Ausfliegen des letzten Jungen [14].

Bruterfolg

Der Bruterfolg wird zur Hauptsache von folgenden Faktoren beeinflusst:

1. **Witterung** (beeinflusst das Nahrungsangebot)
   Den weitaus stärksten Einfluss hat das Wetter, vor allem Wind und kühle Temperaturen während der Brut- und Aufzuchtzeit, in zweiter Linie Regen. Der daraus resultierende Nahrungsmangel ist die eigentliche Ursache für schlechten Bruterfolg. Schon während der Eiablage und Brutzeit kann der Erfolg beeinträchtigt werden, da von Anfang an weniger Eier gelegt oder normal große Gelege durch Hinauswerfen um ein oder zwei Eier reduziert werden. Selbst Totalausfälle von Gelegen sind bei extremen Wetterverhältnissen nicht selten.
2. **Eindringen von Feinden** (Marder, Krähen, Turmfalken, Sperlinge usw.)
   In Einzelfällen verringern Marder und Turmfalken den Bruterfolg einer betroffenen Kolonie, ja sie können diese sogar auslöschen, aber ihr Einfluss auf das Resultat in einer größeren Region ist dennoch gering.
3. **Durchschnittsalter der Eltern**
   Überdurchschnittlich viele Erstbrüter (z.B. nach dem Ausfall vieler erfahrener Brutvögel) senken die Gelegegröße, den Schlüpferfolg und die Ausflugrate einer Kolonie, da sie in der Regel nur zwei Eier legen, während im Normalfall drei Eier bebrütet werden.
4. **Unbefruchtete oder beschädigte Eier**
   Zu einem gewissen Prozentsatz schlüpfen aus Eiern keine Jungen. Ursachen sind unbefruchtete, missgebildete Eier oder solche mit dünner, zerbrechlicher Schale. Umweltgifte (Pestizide) können bei der Missbildung von Eiern beteiligt sein. Manchmal wird ein Ei auch unbeabsichtigt aus dem Nest gestoßen.

5. **Mikroklima der Kolonie**
   Das Mikroklima einer Kolonie hat einen nicht unwesentlichen Einfluss auf den Bruterfolg. So waren laut Arn [3] in der Jesuitenkirche Solothurn (Schweiz) weniger Alpenseglerjunge pro Nest geschlüpft und auch weniger ausgeflogen als in der besser geschützten und durch einen Transformator leicht erwärmten Kolonie im Bieltor (siehe Tabelle unten).
6. **Tod durch Absturz bei Hitzewellen in ungünstigen Nestlagen**
   Vor allem bei Mauerseglern kennt man das Phänomen, dass im Juli viele Jungvögel gefunden werden, die aus den Nestern abgestürzt sind. Dies passiert oft bei Nistplätzen unter Dachziegeln, die stark aufgeheizt werden. Solche Abstürze sind die Folge von Versuchen der Jungen, großer Hitze im Nest auszuweichen, was meist nur beim Einflugloch möglich ist. Auch wenn die flugunfähigen Jungen den Aufprall am Boden überleben, verenden sie am Boden, falls sie nicht von Menschen gerettet werden.

Alpensegler im Dachboden der Stadtkirche Biel (Schweiz). In dieser Nische sind 5 Nester sichtbar. Sie liegen teilweise sehr nahe beieinander. Alle Jungvögel sind etwa gleich alt. Im Nest links außen befindet sich ein Altvogel, erkennbar an der bräunlichen Gefiederfarbe.

Unten: In der gleichen Kolonie. 3 Nester in unmittelbarer Nachbarschaft. Das Nest in der Bildmitte ist an die senkrechte Balkenseite geklebt, Nest 57 offensichtlich auf der schrägen Oberseite des Balkens rechts. Die beiden Jungvögel des Nests auf dem horizontalen Balken sind abgetaucht, nur die Köpfe sind noch sichtbar.

Rechts: Noch ein Bild aus Biel. Wieder eine spektakuläre Konstruktion! Die Jungvögel verstecken sich vor dem Fotografen hinter dem Nest.

Dokumentierte Bruterfolge in Zahlen

Art	Eier pro Nest	Schlüpferfolg pro Nest	Ausflug pro Nest	Ort, Jahr	Quelle
Mauersegler	2,55	2,07	2,02	Schweiz	[14]
			1,8	Oltingen (CH) 1948–1952	[46]
			1,3	Oxford (GB) 1948–1952	[46]
			2,6	Oltingen (CH) 1950	[46]
Alpensegler	2,72	2,41	1,79	Bieltor Solothurn (CH) 1932–1956, n=668	[3]
	2.56	2,1	1,53	Jesuitenkirche Solothurn (CH) 1932–1956, n=1992	[3]

Pro hundert Paare wurden in Oltingen 50 Mauerseglerjunge mehr aufgezogen als in Oxford. Der Unterschied ist auf die jeweiligen klimatischen Verhältnisse zurückzuführen. Von Jahr zu Jahr kann der Bruterfolg stark schwanken. In sehr guten Jahren liegt er bei Mauerseglern bei 2,6 Jungen pro Nest (ausgeflogene Mauersegler Oltingen 1950 [46]). Totalausfälle kommen zwar selten, aber immer wieder vor. Rätselhaft ist der Brutausfall von Alpenseglern in einigen Schweizer Kolonien 2022. Die Suche nach den Ursachen dieser Todesfälle dauerte 2023 noch an (siehe Kapitel «Gefährdung»).

83

Beobachtung und Forschung

Vorhergehende Doppelseite: Alpensegler im Gleitflug

Unten: Um Störungen am (Mauersegler-)Nest zu vermeiden, wurde hier eine Plexiglasscheibe installiert, die Einblick gewährt. Der Vorhang schützt auch vor Lichteinfall und wird nur bei Bedarf geöffnet. Bern-Bümpliz, Statthalterschulhaus

Ethische Grundsätze

Ohne Forschung wäre dieses Buch nicht möglich gewesen. Was wir über die Segler wissen, beruht in den meisten Fällen auf wissenschaftlichen Untersuchungen. Das bringt uns die Vögel näher, wir verstehen sie besser in ihrem Lebenswandel. Darüber hinaus ist die Kenntnis von biologischen Daten auch die Grundlage für den Artenschutz, das heißt, die Tiere profitieren direkt von der Forschung. Um zu neuen Erkenntnissen zu gelangen, sind in manchen Fällen Eingriffe nötig, die eine – meist nur vorübergehende – Beeinträchtigung der betroffenen Individuen zur Folge haben.

Da die Segler in Mitteleuropa ihre Jungen in von Menschen errichteten Gebäuden aufziehen, ist der Wunsch von Vogelliebhabern verständlich, das Geschehen im Brutraum aus nächster Nähe zu verfolgen. Das Beobachten der Vögel am Nest ist hochinteressant, birgt jedoch Gefahren, derer man sich nicht immer bewusst ist. Segler sind trotz der Nähe zu den Menschen keine Haus-, sondern Wildtiere. Sie reagieren auf Störungen unter Umständen sehr empfindlich. Heute helfen übrigens Webcams, das Geschehen im Nestbereich mitzuverfolgen. Verschiedene solche Kameras zeigen während der Brutzeit Seglernester im Internet. Damit ist es möglich, die Neugier zu befriedigen, ohne den Bruterfolg zu gefährden.

Sei es bei der Forschung, sei es bei der Befriedigung der privaten Neugier – über allen Eingriffen in das Leben der Tiere steht der ethische Grundsatz: Segler müssen als Wildtiere möglichst ohne Störung durch menschliche Aktivitäten leben können. Folglich sollte jeder Kontakt mit ihnen auf das absolut notwendige Minimum beschränkt werden. Und jeder Eingriff muss der Prüfung standhalten, ob er gerechtfertigt ist und dem Tierwohl dient.

Dazu ein Beispiel: Wenn ein Vogel in der Natur von einem anderen Tier gepackt wird, bedeutet das meist den sicheren Tod, löst also entsprechende Angst aus. Das Gleiche erlebt ein Segler, wenn ein Mensch ihn in die Hand nimmt, nicht in der Absicht, ihn zu töten, sondern zum Beispiel, um ihn zu vermessen. Der Grund für den Zugriff ist dem Tier aber nicht bewusst. Dementsprechend muss man davon ausgehen, dass es erheblichen Stress erleidet.

Wesentlich schlimmer noch sind Eingriffe, die das Tier am Ausüben seiner natürlichen Lebensweise hindern, ihm Schmerzen zufügen oder gar seinen Tod in Kauf nehmen.

Forschungsprojekte müssen in der Schweiz vom kantonalen Veterinäramt genehmigt werden. Die Beurteilung geschieht durch eine Tierversuchskommission, die den Grad der Beeinträchtigung und die Rechtfertigung für das Forschungsziel beurteilt. Die Kommission prüft die rechtlichen und fachlichen Grundlagen und empfiehlt aufgrund einer Güterabwägung. Güterabwägung heißt konkret: Rechtfertigt das Versuchsziel die Belastung der Tiere?

In Deutschland kommen ähnliche Verfahren zum Einsatz: «Wer einen Tierversuch durchführen möchte, muss dafür einige behördliche Genehmigungsprozesse durchlaufen. Dazu zählt zunächst der Nachweis der Beteiligten über entsprechende Kenntnisse und Fähigkeiten [...]. Danach müssen die Forscher*innen den Versuch anmelden. All diese Schritte unterliegen den strengen Vorgaben des Tierschutzgesetzes und der Tierschutz-Versuchstierverordnung.» (Quelle: www.tierversuche-verstehen.de)

Auf solche Bewilligungsverfahren wurden im Verlauf der Jahre immer strengere Kriterien angewandt. Letztlich dient das dem Wohl der Tiere.

In früheren Zeiten wurden unter anderem Experimente durchgeführt, die Gesundheit und Leben der Vögel aufs Spiel setzten. Es ist anzunehmen, dass sie nach heutigen Standards kaum mehr bewilligungsfähig wären. Ein Beispiel: Verfrachtungen, zum Teil von ganzen Seglerfamilien inklusive Nestern, wurden mehrfach durchgeführt und hatten den Tod eines nicht unerheblichen Teils der Vögel zur Folge [3]. Solche Versuche sind aus Sicht des Autors sinnlos, weil die zu gewinnenden Erkenntnisse gegen null gehen. Dafür Tiere dem Tod auszuliefern, ist nicht zu verantworten.

Radargeräte sind in der Vogelzugforschung oft im Einsatz. Hier ein fahrbares Gerät der Vogelwarte Sempach auf dem Hahnenmoospass (Berner Oberland, Schweiz).

Andererseits sind, wie eingangs erwähnt, wichtige Erkenntnisse über die Segler nur zu gewinnen, wenn Forschung betrieben werden kann. Die meisten Informationen in diesem Buch sind durch jahrelange Arbeit mit den Vögeln zustande gekommen. Und auch weiterhin gilt es, Wissenslücken zu schließen. Einige Beispiele:

- Über Krankheiten der Segler ist bisher sehr wenig bekannt.
- Das Verhalten der Segler auf dem Zug und im Überwinterungsgebiet war lange Zeit ein nur ansatzweise gelöstes Rätsel. Durch neueste Technik, etwa bei kleinen Vögeln wie den Seglern anwendbare Datensammler, die nur minimale Eingriffe an den Vögeln erfordern und ihr Alltagsleben nicht beeinträchtigen, kam es und kommt es zu wichtigen Erkenntnissen, die letztlich auch für den Artenschutz relevant sein können.
- Alpensegler sind weit weniger erforscht als Mauersegler. Hier besteht großer Nachholbedarf.
- Viele Fragen zum Verhaltensrepertoire der Segler sind noch offen. Dieses Thema ist für die Forschung eine immense Herausforderung, da der Zeitaufwand groß ist und sich die Feldbeobachtung schwierig gestaltet, insbesondere bei den Aktivitäten im Flug.

Aus den oben dargestellten Grundsätzen darf nicht abgeleitet werden, dass der Mensch immer auf Distanz bleiben muss. Segler geraten manchmal in Not. Es scheint selbstverständlich, dass man in solchen Fällen Hilfe leistet und sich nicht zurückhält mit dem Hinweis auf das Wirken der Natur, in das man sich nicht einmischen soll.

Beobachtung und Forschung

Mauersegler und Alpensegler leben in Europa hauptsächlich als Gebäudebrüter. Für die Beobachtung und Forschung ist das ein Glücksfall, denn entsprechend ihrer Lebensweise sind diese beiden Arten bequem erreichbar – zumindest am Neststandort. Etwas anders sieht es bei dem Aufenthalt im Freien aus, wo sich die Vögel schnell in der Weite des Luftraums verlieren. Für verschiedenste Fragen erweist sich auch der Umstand als positiv, dass die einzelnen Segler fast immer zu ihrem angestammten Nest zurückkehren. Im Folgenden werden einige Forschungsmethoden beschrieben, die bei den Seglern zur Anwendung kommen.

Kontrolle am Nest

In zugänglichen Gebäudekolonien können viele Beobachtungen und Zählungen gemacht werden. Daten wie Zeitpunkt des Eintreffens der Altvögel und des Brutbeginns, Gelegegröße, Bruterfolg usw. sind so leicht zu ermitteln. Eingebaute Webcams in Nestnähe erlauben die Beobachtung der Aktivitäten am Nest im Verlauf der Saison. Heute stehen Bewegungssensoren zur Verfügung, mit deren Hilfe Ein- und Ausflüge oder die Fütterungszeiten festgehalten werden können. Unter Nestern angebrachte Waagen oder Temperatursensoren helfen bei der Messung der Gewichtszunahme der Nestlinge oder der Körpertemperatur. Farbmarkierte Eier zeigen den Schlüpfablauf, während Gefiedermarkierungen die beiden Partner und ihren Anteil am Brutgeschäft erkennbar machen. Diese Aufzählung ist nicht vollständig, zeigt aber die Vielfalt von Möglichkeiten, Daten zu sammeln.

Die meisten dieser Beobachtungsverfahren sind ohne große Beeinträchtigung der Vögel realisierbar. Vor allem mit den heutigen technischen Hilfsmitteln ist es möglich, den Seglern viel Stress zu ersparen. Etwas «übergriffiger» sind Tätigkeiten, bei denen Vögel in die Hand genommen werden müssen (Messungen, Beringung, Kontrollfänge, Blutentnahme usw.). Andere Experimente wie beispielsweise zur Beeinträchtigung durch Parasiten, vor allem die Lausfliege, nehmen noch mehr Einfluss. Mag das Entfernen von Lausfliegen in einem Teil der Nester den Vögeln Erleichterung bringen, so steigt mit dem massiven Zusetzen von Lausfliegen in andere Nester die Belastung bis zu einem Grad, der die Gesundheit der Tiere erheblich beeinträchtigen kann.

Verschiedene Individuen reagieren zum Teil sehr unterschiedlich auf das Erscheinen von Menschen. Beim Eintreten in den Brutraum oder Eingreifen in einen Nistkasten verharren die einen in stoischer Ruhe, andere reagieren mit Aggressionsverhalten, viele verlassen das Nest fluchtartig und fliegen aus. In der Folge sind Warnrufe außerhalb der Kolonie zu hören. Wie lange es in solchen Fällen dauert, bis die verängstigten Vögel ins Nest zurückkehren, ist nicht genau belegt, eine halbe Stunde und länger ist nach eigenen Beobachtungen des Autors nicht selten.

Wiederkehrender Kontakt mit Menschen im Nestbereich führt in den meisten Fällen dazu, dass sich die Vögel an die Anwesenheit des Menschen gewöhnen und dessen Aktivitäten ohne Panik erdulden. Dennoch gilt: Beobachtungen in Nestnähe bringen Störungen des Brutbetriebs mit sich, die nicht selten mit der Aufgabe einer Brut enden. Insbesondere während der Bebrütung der Eier ist diese Gefahr groß. Auch bei verständlicher Neugier und Begeisterung für die Segler ist hier also größte Vorsicht angebracht. Im Allgemeinen sollte man während der Brutzeit auf das unnötige Betreten einer Kolonie (Alpensegler) oder das Öffnen von Nistkästen (Mauersegler) verzichten.

Die Beringung (hier eines jungen Alpenseglers) muss sorgfältig durchgeführt werden, damit der Vogel nicht verletzt oder der Ring zur Gefahr wird. Die Prozedur ist für das Tier wegen des Festhaltens nicht angenehm, aber schmerzfrei.

Suchen und Beobachten einer Kolonie von außen

Das Suchen von unbekannten Nistplätzen ist manchmal schwierig. Oft ist über längere Zeit von Seglern nichts zu sehen. Die Brutvögel verhalten sich eher diskret. Am besten zu entdecken sind Nistplätze zu Zeiten von erhöhter Aktivität, also am Morgen oder nach Sonnenuntergang. Fast jeder Brutplatz wird von Nichtbrütern besucht, und ein Seglerschwarm über einem Quartier oder die mit Rufen verbundenen Flugspiele um eine Häusergruppe verraten schnell, wo ein Seglerstandort ist.

Eine für die Einschätzung der Populationsentwicklung wichtige Datengrundlage ist die jährliche Erhebung der Anzahl an Brutpaaren in einer Kolonie oder Gemeinde. Für Beobachtende zugängliche Brutplätze erleichtern diese Arbeit. Bei Kolonien, die keine Zählung am Nest erlauben, ist die Kontrolle des Geschehens nur sehr eingeschränkt möglich. Informationen wie Gelegegröße, Schlüpftermin und Bruterfolg sind kaum zu gewinnen. Auch die Anzahl der vorhandenen Brutpaare ist mittels Beobachtung von außen nur annähernd zu schätzen. Zu diesem Zweck werden Ein- und Ausflüge protokolliert. Auch bei sorgfältiger Arbeit beinhaltet diese Methode einen gewissen Unsicherheitsfaktor. Dennoch zeigt sich zuverlässig die Entwicklung bei der Population, wenn die Methode über Jahre im gleichen Rahmen angewandt wird.

TIPP

Für ein einigermaßen zuverlässiges Resultat bei einer Zählung von außen sind folgende Parameter optimal:

- gutes Wetter
- Zähltermin mindestens zehn Tage nach dem Schlüpfen der Jungen (die Eltern fliegen dann regelmäßig mit Futter ein)
- zweimalige Zählung mit zwei oder mehr Wochen Abstand
- Beobachtungszeit von mindestens zwei Stunden
- Beobachtung am späteren Vormittag und frühen Nachmittag

Zu beachten:

- Bei Kontrollen nahe dem Ausflugstermin helfen Bettelrufe der Jungen oder das Erscheinen der beinahe flüggen Jungvögel am Einflug.
- Bei Alpenseglerkolonien mit offenem Brutraum fliegt manchmal der eine Partner im Loch links ein, während der andere das Loch rechts bevorzugt. Ebenso kann ein Vogel, der links eingeflogen ist, rechts ausfliegen.

Nach dieser Methode zählt in Bern eine Seglergruppe jedes Jahr alle bekannten Standorte der Alpensegler und eine Auswahl an Mauerseglerkolonien.

Beringung

Die Beringung ist eines der ältesten Verfahren zur Kennzeichnung von Individuen. Sie ist in Seglerkolonien leicht möglich und wird auch heute im elektronischen Zeitalter weiter betrieben. Wiederfunde in der Natur sind äußerst selten; aus dem Überwinterungsgebiet wurde bei Alpenseglern sogar nur ein einziger bekannt, und dies im Verlauf von 100 Jahren bei circa 30 000 beringten Individuen (Schweiz [54]). Wiederfunde in Europa sind etwas häufiger, ergeben aber nicht viele verwertbare Erkenntnisse. Bei den Mauerseglern sehen die Zahlen nicht besser aus: Seit 1924 wurden in der Schweiz mehr als 70 000 Mauersegler beringt. Auf 10 000 beringte Vögel sind nur 1,6 Rückmeldungen erfolgt. In Afrika gab es elf Wiederfunde, sieben auf dem Zugweg und vier im Überwinterungsgebiet [14].

Am Nest wieder gefangene beringte Individuen können über einen längeren Zeitraum identifiziert und für die Verwertung von Daten eingesetzt werden. Altersbestimmungen, Nistplatz- und Partnertreue, Bruterfolge usw. ergeben interessante Informationen.

Externe Methoden

In der Feldforschung wird häufig auch das Radar eingesetzt. Vogelschwärme können geortet werden, ihre Bewegungen und die Zugrichtung ergeben wichtige Erkenntnisse. Weitnauer verdankte dem Einsatz von Radar in den 1950er-Jahren die sensationelle Entdeckung, dass die nichtbrütenden Segler in 3000 m Höhe aufstiegen und dort die Nacht verbrachten. Die Radarbeobachtungen wurden durch nächtliche Verfolgungen der Schwärme im Flugzeug bestätigt.

Das neueste Instrument in der Vogelforschung ist der Datenlogger, bestehend aus einem Chip, einem Speicher und verschiedenen Sensoren. Er ist so klein und hat ein so geringes Gewicht (0,4–1,4 g), dass er auch bei kleinen Vögeln eingesetzt werden kann. Das Gerät wird dem Vogel mit einer Art «Halfter» so auf den Rücken gebunden, dass der Chip Daten sammeln kann, der Vogel aber in seiner Bewegungsfähigkeit nicht beeinträchtigt ist. Ankleben wäre wohl für den Vogel angenehmer, aber der Chip ginge bei der Mauser verloren. Ein wesentlicher Unterschied zu der Besenderung von größeren Tieren (Störche, Luchse usw.) besteht darin, dass der Logger nur Daten sammelt, sie aber nicht sendet. Für das Senden von Signalen würde eine leistungsfähige Batterie benötigt, deren Gewicht für Kleinvögel nicht tragbar

Hell-dunkel-Geolokator, mit dem Mauer- und Alpensegler bestückt werden können. Um zu den Daten zu gelangen, muss das Gerät dem Vogel wieder abgenommen werden.

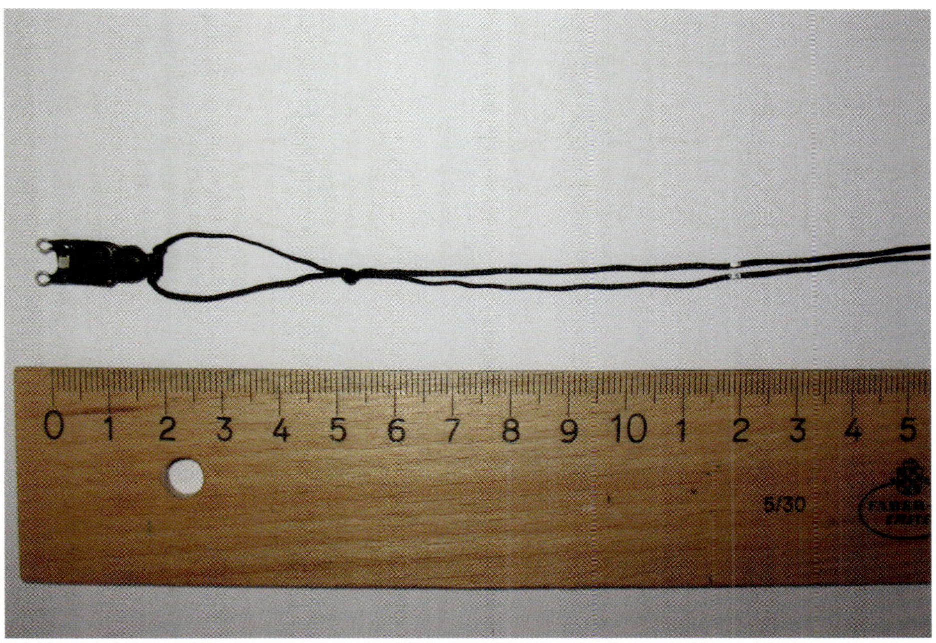

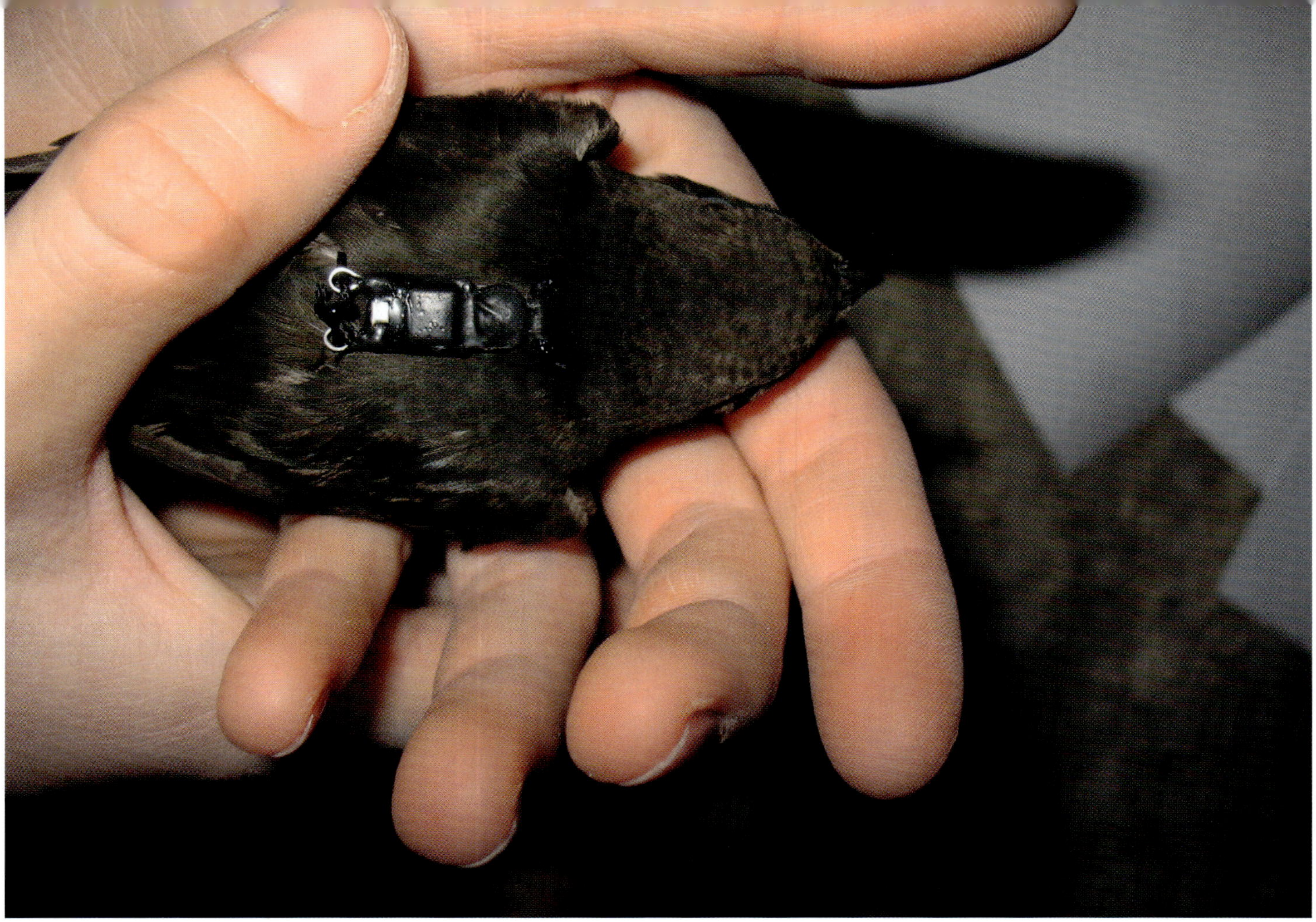

Oben: Hell-dunkel-Geolokator auf dem Rücken eines Mauerseglers

Rechts: GPS-Geolokator. Der Träger ist ebenfalls ein Mauersegler. Die Anbringung erfordert Sorgfalt, damit der Segler weder verletzt noch in seiner Bewegungsfreiheit behindert wird.

wäre. Der Chip muss deshalb zur Auswertung dem Tier wieder abgenommen werden. Bei den Seglern hilft der Umstand enorm mit, dass sie nach der Winterpause wieder in dasselbe Nest zurückkehren.

Der Datenlogger speichert verschiedene Daten: Zeitmessung, Temperatur, Luftdruck, Licht, Magnetfeld sowie Bewegung bzw. Aktivität. Aus den gesammelten Daten kann der Zugweg rekonstruiert werden, aber auch, ob der Vogel Ruhephasen einstreut und derlei mehr. Die Präzision für den Aufenthaltsort eines Seglers beläuft sich auf 100–200 km. Seit 2010–2011 wird diese Methode bei Mauerseglern angewandt, etwas später kam sie auch bei Alpenseglern zum Einsatz.

Erst die Verwendung von Datenloggern bei Mauer- und Alpenseglern in verschiedenen europäischen Projekten hat in den letzten Jahren Licht ins Dunkel des Zugs und des Winteraufenthalts gebracht. Aber auch für das Brutgebiet lassen sich Daten auswerten, so die Ruhephasen eines Brutvogels oder der Radius des beflogenen Gebiets bei der Futtersuche. Diesbezügliche Daten sind gemäß Mitteilung von Mitarbeitern der Vogelwarte Sempach für Ende 2024 zur Veröffentlichung vorgesehen.

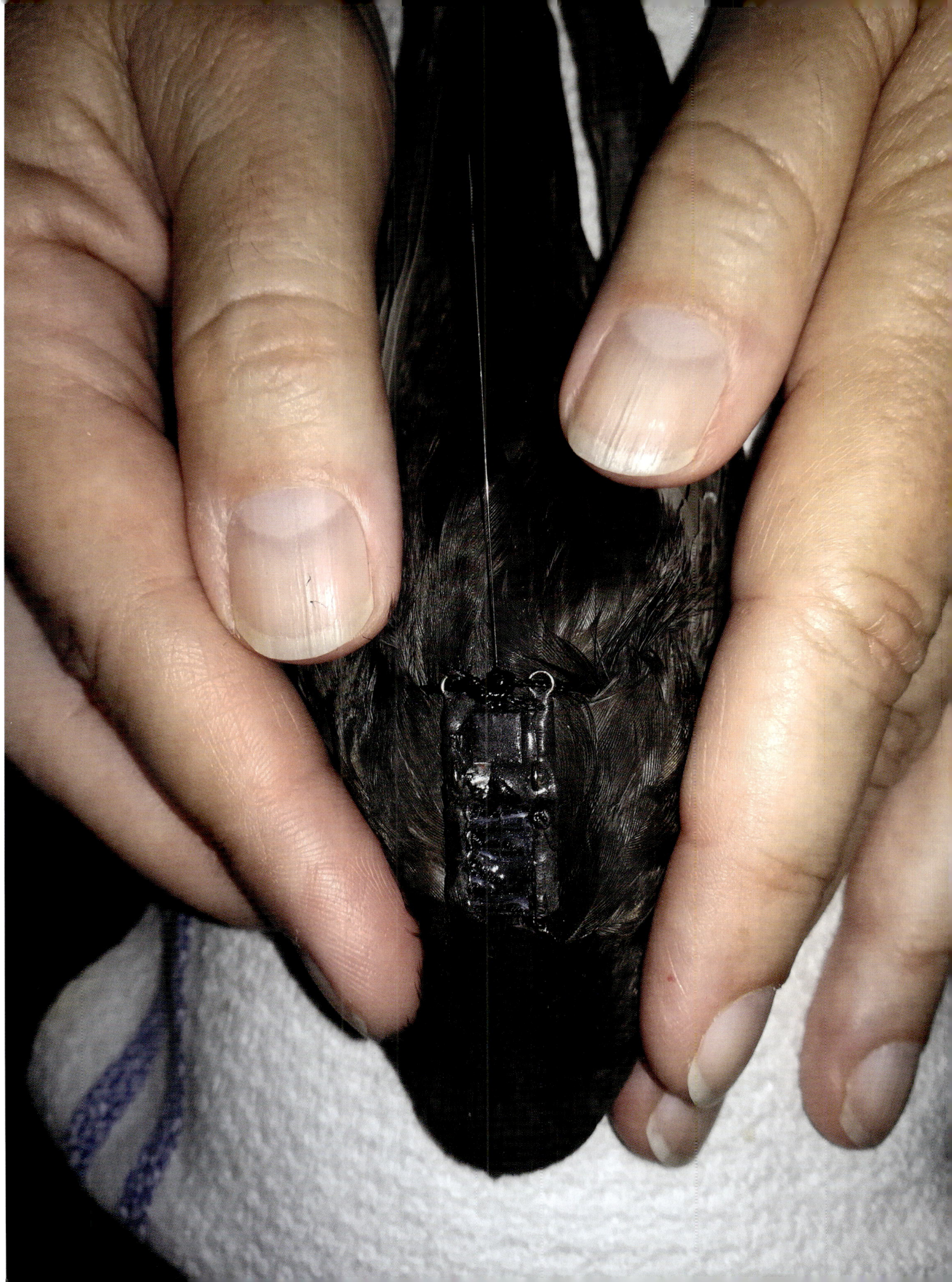

Geschichtliches

Vorhergehende Doppelseite: Der römische Aquädukt von Segovia. In seinen Spalten und Löchern und in den Stadtbefestigungen finden Tausende von Mauerseglern einen Nistplatz.

Unten: Scaniacypselus szarskii, ein Vorfahre der heutigen Segler. Versteinerung aus der Messelgrube.

Älteste fossile Funde

Erste fossile Funde von Seglervögeln datieren aus dem Eozän (Zeitstufe innerhalb des Tertiär, Dauer von 58–36 Millionen Jahre vor der Gegenwart). Sie stammen aus Frankreich, Dänemark und Deutschland.

In der Messelgrube (ehemaliger Messelsee) in Deutschland wurden in der fossilführenden Schicht, die rund 49 Millionen Jahre alt ist, mehrere Exemplare mit dem fast vollständigen Federkleid gefunden. *Scaniacypselus szarskii* (Peters 1985) war eine kleine, oberflächlich an Salanganen erinnernde Art. Mayr & Peters [28] konnten sie den «echten» Seglern (Apodidae) zuordnen. Von einer zweiten Art, die größer war als *Scaniacypselus*, ist nur ein unvollständiges Skelett vorhanden.

Die Vögel der Gattung *Scaniacypselus* wichen in verschiedenen anatomischen Details von den heutigen Mauerseglern ab. Ihre Flügel waren breiter, und die Beine waren so ausgebildet, dass sie das Sitzen auf Ästen besser ermöglichten. Sie waren wahrscheinlich mehr baumbewohnend und hatten andere Brut- und Ruhegewohnheiten als die heutigen Segler; die Flügelbeschaffenheit weist darauf hin, dass sie weniger an das Leben in der Luft angepasst waren [28, 29, 34].

Der Mauersegler in historischer Zeit

Der Mauersegler war schon im Altertum eine bekannte Vogelart. Ein schriftliches Zeugnis findet sich bereits in der Bibel. Im Buch Jesaia wird die Belagerung von Jerusalem im Jahr 701 v. Chr. durch die Assyrer erwähnt. In seiner Not soll der König Ezechias/Hiskija gerufen haben: «Wie eine Schwalbe, so zwitscherte ich, girrte wie eine Taube …» (Jesaja 38:14, zitiert nach der Zürcher Bibel). Ulrich Tigges vermutet eine fehlerhafte Übersetzung, da früher oft fälschlicherweise der Ausdruck «Schwalbe» für «Segler» verwendet wurde [14].

Aristoteles spricht von *apous* (lat. *apus)* oder *kypselos* (lat. *cypselus)*, Namen für den Mauersegler, die auch heute noch die Art identifizieren. Allerdings hat auch Aristoteles Segler und Schwalben miteinander verwechselt (Sundevall 1863). Im Verlauf der späteren Jahrhunderte wird der Mauersegler immer wieder beschrieben, so von Basile le Grand (329–379), Kaiser Friedrich II. (1194–1250) und Conrad Gesner (1516–1565) (nach Ulrich Tigges in [14]). Irrtümer bezüglich der Verwandtschaft mit den Schwalben und skurrile Vorstellungen von seiner Lebensweise hielten sich noch lange nicht nur in Volkskreisen, sondern auch in der Wissenschaft.

Ein Beispiel für Seglertürme («rondonare»), wie sie in Oberitalien zum «Ernten» von Seglerjungen gebaut wurden. Torre da Canevara mit den Einfluglöchern (siehe Seite 155/156)

Die genaue biologische Einordnung, also die Abtrennung von den Schwalben, setzte sich erst gegen Ende des 18. und Anfang des 19. Jahrhunderts durch. «Nitzsch (1782–1837), nach Stresemann einer der ‹genauesten, umsichtigsten und einfallsreichsten Morphologen›, hatte festgestellt: ‹Außer den Kolibris dürfte keine Vogelfamilie eine so ungewöhnlich lange Hand und einen so kurzen Oberarm haben.›». Damit hatte er die nahe Verwandtschaft mit den Kolibris entdeckt, die in der Systematik heute anerkannt und belegt ist [53].

Kulturfolger

Wann Mauersegler sich als Kulturfolger etabliert haben, ist eine Frage, die eher spekulativ zu beantworten ist. Tatsächlich kann man davon ausgehen, dass bereits in den mediterranen Hochkulturen des Altertums der Anreiz dafür gegeben war. Vieles spricht dafür, dass die Segler, wie die Schwalben auch, menschliche Bauwerke schon früh als Nistplatz entdeckt haben. Wenn römische Aquädukte oder die Klagemauer in Jerusalem heute von Seglern genutzt werden, warum sollte das nicht auch schon vor 2000 Jahren oder früher der Fall gewesen sein, da diese Bauwerke schon so lange existieren?

Schon die Römer bauten auf der Nordseite der Alpen Siedlungen. Viele Stadtgründungen in Mitteleuropa folgten ab circa 1100. Der Höhepunkt liegt zwischen 1200 und 1350, danach ging die Zahl neuer Städte deutlich zurück. Seit circa 1300 standen den Seglern in Mitteleuropa also zahlreiche menschliche Siedlungen mit Stadtcharakter zur Verfügung. Leider fehlen konkrete

Hinweise, wann sich hier die ersten Brutpaare niederließen, aber die Möglichkeit dazu bestand und wurde wohl im Verlauf des Spätmittelalters auch genutzt.

In verschiedenen Texten wird im Zusammenhang mit dem Ausbruch der Pest in Mitteleuropa erwähnt, dass gerade zu dieser Zeit Mauersegler auftauchten und von der Bevölkerung mit der Krankheit in Verbindung gebracht wurden. Bei diesen Texten fehlen allerdings Quellenangaben, und somit gibt es keine schlüssigen Beweise dafür, dass sich die Segler schon in der Zeit der ersten Pestwelle, die 1347–1353 über Europa hinwegrollte, in den Städten angesiedelt hatten.

Marcus zum Lamm berichtet in seinem «Thesaurus Picturarum» (Bilderschatz) von einem Exemplar, das am 23. Mai 1590 im Kornhaus von Heidelberg gefangen wurde. Auch er nennt ihn eine Art Schwalbe, an welcher er die «kurtzen füßlin» bemerkenswert findet [5].

Das Anwachsen der Städte in Europa seit dem 18. und vor allem im 19. Jahrhundert gab auch der Ausbreitung des Mauerseglers einen starken Schub. Die Zunahme der Population hielt bis in die 1950er-Jahre an. Seither ist die Zahl der Mauersegler wieder stark rückläufig.

Verfolgung

Segler wurden, soweit bekannt, in Mitteleuropa nicht zum Verzehr gejagt. Allerdings wurde ihr Fleisch aus medizinischen Gründen, also als Heilmittel, zur Einnahme verordnet. Jedoch fing man sie vor allem in südlichen Ländern

Die Stadt Àvila in Spanien hat eine 2,5 km lange, vollständig erhaltene Stadtmauer mit 88 Türmen (11.–14. Jh.). In diesem gewaltigen Bauwerk leben Tausende von Mauerseglern [35].

Altstadt von Bern um 1858, Vogelschaubild von Westen (Ausschnitt). Im Vordergrund, Bildmitte unten, ist der Christoffelturm zu sehen, der kurze Zeit danach abgerissen wurde. Im Hintergrund das Münster mit dem unvollendeten Turm. In diesen beiden Bauten befanden sich zu jener Zeit große Alpenseglerkolonien. Lithografie von Charles Fichot

zu Nahrungszwecken. Beispiele hierfür sind aus dem Piemont, aus Savoyen und von Sardinien bekannt. Dazu wurden seit dem Mittelalter sogenannte *rondonare* gebaut, Türme, die Segler anlockten und in denen sie Nistgelegenheiten vorfanden [12]. Die Jungen wurden bis auf eines pro Nest zum Verzehr entnommen. Ein Beispiel für solche Bauten ist der zweistöckige Turm in Canevara (Provinz Massa Carrara, Italien) aus der Mitte des 17. Jahrhunderts mit circa 150 Nistzellen. Ähnliche Türme wurden für andere höhlenbewohnende Vögel (Sperlinge usw.) verwendet.

Eine andere Fangmethode war folgende: «Jungen hielten aus einem hohen Turm heraus eine Angelrute mit einer Feder oder einem Insekt als Köder und konnten auf diese Art bis zu sechs Dutzend Vögel an einem Tag fangen.» [52]

Geschichtliches zum Alpensegler

Die ursprünglich mediterran verbreiteten Alpensegler eroberten die vom Menschen gebauten Nistmöglichkeiten wohl etwas später als die Mauersegler. Sie scheinen sich in südlichen Regionen übrigens schon früh auch in Taubenschlägen angesiedelt zu haben. Die beiden Arten vertragen sich gut, wie das Beispiel der Lorrainebrücke in Bern zeigt. Bis zur Sanierung dieser Brücke 1992–1993 nisteten auch dort Alpensegler und Stadttauben gemeinsam in den Hohlräumen unter den Bürgersteigen.

In der Schweiz ist die Besiedlung der Städte seit dem 18. Jahrhundert belegt. Daniel Sprüngli, ein Berner Theologe und passionierter Naturforscher, berichtet in einem handschriftlich verfassten Text, dass 1768 in Bern zwei große Kolonien des Alpenseglers existierten, die eine in einem Torturm (Christoffelturm) am Westende der Stadt, die andere im Münsterturm. Im selben Text werden die Kolonien von Burgdorf und Freiburg i. Ü. (beide ebenfalls Schweiz) erwähnt [42].

Zehntner [51] vermutet aufgrund von Beschreibungen aus historischen Texten, dass im Christoffelturm schon vor 1400 Alpensegler gebrütet haben könnten. Für den Münsterturm findet er einen Hinweis auf eine Kolonie knapp vor 1700. Er erwähnt selbst, dass die Grundlage für diese Annahme unsicher sei, da im zitierten Text eine genauere Beschreibung der Vögel fehlt. Es scheint gewiss, dass zu den angegebenen Zeiten in den beiden Gebäuden Vögel gehaust haben, auch lässt sich vermuten, dass es sich um koloniebildende Arten gehandelt hat, die dank ihrer Größe ein Einfangen zum

Verzehr lohnten. Alpensegler erfüllen diese Kriterien, aber es gab wohl auch andere Vögel, z. B. Tauben, die in Städten solche Kolonien bildeten [51].

Das weitere Schicksal der beiden bedeutenden Berner Alpenseglerkolonien ist bemerkenswert und tragisch zugleich. Es ist geradezu ein Lehrbeispiel für die katastrophalen Folgen, die sich aus gedankenlos-rücksichtslosem Vorgehen ergeben.

In den 1860er-Jahren entschloss sich die Stadt Bern mit äußerst knapper Mehrheit, den Christoffelturm zu beseitigen, weil er der Verkehrsentwicklung im Weg stand. Neben dem unwiederbringlichen Verlust eines städtebaulich wichtigen Kulturdenkmals wurde auch der von einer nicht näher bekannten Zahl von Alpenseglern genutzte Nistplatz zerstört. Es ist anzunehmen, dass die Vögel mindestens teilweise auf den Münsterturm auswichen.

Gegen Ende des 19. Jahrhunderts sollte dieser seit Jahrhunderten unvollendet gebliebene Turm endlich seine Spitze erhalten. Anders als die Beseitigung des Christoffelturms war der Aufbau des Münsterturms ein städtebaulicher Gewinn. Aber man dachte auch hierbei nicht an die große Kolonie der Alpensegler. Diese wurde Anfang der 1890er-Jahre durch die Bauarbeiten zerstört. Seither standen den Alpenseglern in Bern nur vereinzelte Nistmöglichkeiten zur Verfügung. Einige Paare dürften sich so in der Altstadt haben halten können, aber de facto war die Art in Bern fast ausgestorben. Gemäß der Einschätzung von Ornithologen entstanden in dieser Zeit durch Abwanderung der Berner Vögel neue Kolonien in anderen Städten, beispielsweise in Luzern, 60 km von Bern in südöstlicher Richtung. In Bern dauerte es Jahrzehnte, bis die Art wieder einen nennenswerten Bestand erreicht hatte.

Man fragt sich vielleicht, wie die Segler solche neuen Standorte ausfindig machen. Darüber kann nur gemutmaßt werden, denn es fehlen konkrete Untersuchungen. Vermutlich fliegen sie als Stadtbewohner wieder Siedlungen an und suchen geeignete Gebäude nach möglichen Einflügen ab. Bisherige Erfahrungen leiten sie. Auch in heutiger Zeit ist dieses Phänomen zu beobachten, vor allem im Vorstoß der Alpensegler in immer nördlicher gelegene Städte Deutschlands.

In damaligen Ausgaben von ornithologischen Zeitschriften herrschte über die katastrophale Entwicklung große Bestürzung. Eigenartigerweise war aber niemand auf die Idee gekommen, den Seglern rechtzeitig Ersatz anzubieten, obwohl das Projekt der Turmvollendung lange genug vor der Ausführung bekannt war. Das wurde erst wesentlich später zum Thema, und so entstanden im Verlauf des 20. Jahrhunderts neue Nistplatzangebote in der Stadt. Heute ist Bern wieder einer der wichtigsten Standorte des Alpenseglers in der Schweiz mit circa 300 Brutpaaren (Stand 2022).

Die Ausbreitung über das ganze Land erfolgte ab Ende des 19. Jahrhunderts und massiv im 20. Jahrhundert. Die Kolonie in Basel entstand circa 1970 [17], St. Gallen wurde um 1947 besiedelt [3]. In Freiburg im Breisgau (Deutschland) ließen sich die Alpensegler Anfang der 1950er-Jahre nieder (Glutz 1980: 1955, evtl. 1–3 Jahre früher).

Verfolgung

Alpensegler wurden in Südeuropa mithilfe von Seglertürmen gleich genutzt wie die Mauersegler. In Mitteleuropa wurden in früheren Zeiten ebenfalls Seglernester ausgenommen. Zehntner fand in historischen Quellen Hinweise auf Nestplünderungen sowohl im Berner Christoffelturm (um 1400, möglicherweise

keine Alpensegler) als auch im Münsterturm (um 1700). Bei Sprüngli (1768) ist über die Alpensegler im Münsterturm Folgendes zu lesen: «Die Jungen sollen sehr fett und ein niedliches Essen seyn, auch werden sie durch das häuffige ausnemmen auss den Nestern sehr vermindert.» [42] Aufgrund dieser Aussage darf man annehmen, dass die Entwicklung der dortigen Kolonie durch die rücksichtslose Übernutzung nur sehr langsam voranschritt.

Das Kolosseum in Rom ist eine weitere antike Stätte, die von Mauerseglern besiedelt ist. Es scheint, dass sie viele Möglichkeiten vorfinden.

Nachsatz: Auch wenn in früheren Jahrhunderten die Natur weniger zurückgedrängt wurde, als das in jüngerer Zeit der Fall ist, wo sich Lebensraumverlust und Artensterben bedrohlich mehren, darf man nicht davon ausgehen, dass das Verhältnis der Menschen zur Natur und deren Lebewesen von großer Rücksichtnahme und Verständnis geprägt war. Nicht umsonst sind schon vor Jahrhunderten viele Tierarten ausgestorben: Dronten, Stellersche Seekuh, Riesenalk und viele andere mehr.

Gefährdung

Vorhergehende Doppelseite: Der Baumfalke gehört zu den rasantesten Luftjägern und jagt oft Mauersegler.

Rechts: Ein Baumfalke mit einem erbeuteten Mauersegler. Zusammen mit dem Wanderfalken ist er der einzige Greifvogel, der den Seglern in der Luft gefährlich wird.

War früher der Rückgang der Nistmöglichkeiten die Hauptursache für die Gefährdung der Segler in Europa (siehe Bestandsentwicklung in Europa), so droht heute durch den Insektenrückgang noch viel Schlimmeres. Daneben erscheinen die weiteren Gefahren für die Segler von geringerer Tragweite – was natürlich nicht heißt, dass sie vernachlässigbar sind.

Natürliche Feinde

Die Segler mit ihren überragenden Flugeigenschaften haben in der Luft nur wenige Feinde zu befürchten. Die einzigen ernsthaften Gegner sind Wander- und Baumfalke. Eine erfolgreiche Jagdstrategie dieser beiden Jäger besteht darin, sich rasend schnell aus großer Höhe auf ihr Ziel zu stürzen. Der Überraschungsangriff aus der Deckung ist die zweite oft angewandte Jagdmethode. Aufgrund seiner geringeren Größe, aber auch seiner Wendigkeit ist der Baumfalke bei den kleineren Mauerseglern etwas im Vorteil, während der Wanderfalke eher bei den Alpenseglern erfolgreich sein dürfte. Wird der Falke rechtzeitig entdeckt, sind meist die Segler im Vorteil. Sie weichen aus, indem sie sich in die Höhe schrauben. Der Falke tut das Gleiche, aber diesen Wettlauf des Höhengewinns entscheiden die Segler fast immer für sich.

In Solothurn (Schweiz) konnte der Autor persönlich eine Jagdszene beobachten. Ein über der Aare fliegender Trupp Alpensegler, rufend und offenbar nicht sehr aufmerksam, wurde von einem Wanderfalken von hinten angegriffen. Ohne bemerkt zu werden, griff er sich den hintersten Segler und drehte ab, während die anderen unbeirrt weiterflogen. Vom gefangenen Vogel waren keine Angst- oder Warnschreie zu hören, offenbar hatte er ein schnelles Ende gefunden.

Der Turmfalke ist, obwohl auch er über einen kraftvollen Flug verfügt, nicht wendig genug, um Segler im Flug zu fangen. Der Autor beobachtete eines Abends einen Turmfalken, der vergeblich verschiedenen Mauerseglern nachjagte, ohne auch nur die geringste Aussicht auf Erfolg zu haben. Eine ernst zu nehmende Gefahr ist er jedoch für Seglernester, wo er Junge und oft auch im Kasten anwesende Altvögel erbeutet. Bei den an Gebäuden angebrachten Mauerseglerkästen hängt er sich mit einem Fuß an das Einflugloch und greift mit dem anderen in den Kasten. Mit dieser Methode ist er sehr erfolgreich.

In der Ortschaft Wasen im schweizerischen Emmental gelang es einem einzelnen Turmfalken, eine Kolonie von Mauerseglern fast auszurotten. Er erbeutete nicht nur Jungvögel, sondern auch Dutzende von Altvögeln. In seinem Nest wurden viele tote Mauersegler gefunden, die gar nicht verzehrt worden waren. Offenbar waren die Jungen außerstande, sich die derart zahlreich angeschleppte Beute einzuverleiben!

Krähen sind in der Lage, Mauer- und Alpensegler beim Ein- oder Ausflug zu fangen. Von verschiedenen Orten kamen schon beunruhigende Rückmeldungen über erfolgte Krähenattacken. Vermutlich benötigen sie einen Lernprozess, um auf diese Weise erfolgreich zu sein, braucht es doch ein genaues Timing, um Segler beim Abflug zu erwischen. Das ist eine anspruchsvolle Angriffstaktik. Etwas leichter ist es wohl, wenn eine Krähe einen anfliegenden Vogel bei der Landung am Loch überfällt. Am besten gelingt dies bei

Individuen, die sich beim Besuch einer Kolonie an Einfluglöcher anhängen.

Segler am Boden sind für Krähen eine leichte Beute, ebenso für Marder, Hunde und Katzen. Letztere können möglicherweise sogar einen dicht über dem Boden fliegenden Segler aus der Luft fangen.

Marder sind bekanntlich gute Kletterer, und ein nicht genügend geschützter Nistplatz kann leicht einem dieser gewandten Beutegreifer zum Opfer fallen. Diese Gefahr ist durch den Zuwachs der Marderpopulation in den letzten Jahren gestiegen. Es muss daher ein Anliegen sein, Nistplätze mardersicher zu gestalten. Eine der besterforschten und größten Alpenseglerkolonien in der Schweiz, im Dachstock der Jesuitenkirche in Solothurn angesiedelt, wurde in den 1990er-Jahren von einem einzelnen Marder vernichtet.

Andere natürliche Feinde sind Schleiereule, Waldkauz, Sperber, Ratten und Wiesel.

Links: Wenn Marder Zugang zu Seglernestern haben, geht neben der Brut auch das Elternpaar verloren. Ein Marder kann eine ganze Kolonie auslöschen.

Unten: Turmfalken haben an manchen Orten Seglernistkästen als Futterautomaten entdeckt und können so einer Kolonie beträchtlichen Schaden zufügen.

Verfliegen

Eine nicht zu unterschätzende Gefahr droht auf der Suche nach Nistplätzen. Schon mancher Segler flog in einen Dachboden oder durch offen stehende Fenster in einen Raum ein, aus dem er nicht mehr selbst herausfand. Insbesondere in offenen Dachräumen besteht die Gefahr, dass sich ein Vogel zu weit hineinbegibt und auf dem Rückweg, zum Beispiel durch das helle Licht eines Dachfensters angelockt, die Orientierung verliert. Der Ausweg, also die Öffnung, durch die er eingeschlüpft ist, wird durch die Lichtverhältnisse unauffindbar. Wird ein solcher Segler nicht rechtzeitig gefunden, ist ihm der Tod gewiss. Solche Gefahren werden allerdings seltener, da im Zuge von Sanierungen immer mehr Zugänge zu Innenräumen und Hohlräumen verschlossen werden. Das bringt jedoch die Segler in neue Nöte, wie weiter unten dargestellt wird.

Gemäß Weitnauer [46] sind von 70 erwachsenen, beringten Mauerseglern mit bekannter Todesursache neun durch Verfliegen in Dachböden, Kirchtürmen, Dachrinnen oder Rollladenkästen umgekommen. Bei den Alpenseglern gehen laut Arn [3] von 253 Totfunden schweizerischer Ringvögel 7 Prozent auf das Verirren in Innenräumen zurück.

Die Zugrichtung ist wie bei den meisten ziehenden Vogelarten vorprogrammiert. Dennoch gibt es immer einige Individuen, die nicht in die Sollrichtung nach Südwesten oder Süden, sondern in mehr nördliche Richtungen fliegen. Das führt oft zum Umherirren in Gegenden, die im Verlauf der fortschreitenden Jahreszeit immer ungünstigere Lebensbedingungen bieten (Kälte, Nässe, kaum mehr Fluginsekten). Schließlich sterben manche der Verirrten an Erschöpfung infolge Nahrungsmangel.

Gefährliches Nistmaterial

Mauersegler nisten gern in alten Sperlingsnestern. Diese füllen für ihre Brut eine Nisthöhle fast vollständig aus. Heu, Federn, aber auch Schnüre und Plastik werden als Baumaterial verwendet. Ein nachfolgender Mauersegler findet eine gute Unterlage und genügend Platz, um sein eigenes Nest zu bauen. Manches von den Sperlingen eingetragene Material aber kann den Seglern gefährlich werden. Dazu gehören vor allem Plastikschnüre, wie sie im Garten oft zum Befestigen von Pflanzen usw. verwendet werden. Lösen sich diese auf, bleiben dünne Fäden zurück, die fast unzerreißbar sind. Oft kommt es vor, dass sich Segler darin verfangen. Bei Jungvögeln wickeln sich die Fäden um die Füße und schnüren diese ab, was zweifellos äußerst schmerzhaft ist. Selbst wenn das betroffene Bein nicht abstirbt und im besten Fall funktionsfähig bleibt, ist der Vogel an das Nest gefesselt und kann nicht ausfliegen. Das hat einen qualvollen Tod zur Folge.

Erwachsene Segler erleiden manchmal das gleiche Schicksal, sie verfangen sich mit einem Bein oder auch mit dem Hals in den Fäden. Die Anzahl der auf diese Weise verunglückten Mauersegler ist schwer abzuschätzen. Im Verlauf der letzten vier Jahrzehnte musste der Autor aber immer wieder Vögel aus ihrer misslichen Lage befreien.

Mauersegler in Wabern bei Bern (Schweiz): Opfer einer Schnur, die sich um seinen Hals gewickelt hatte. Leider wurde dieser Vogel erst nach seinem Tod entdeckt.

Einmal beobachtete der Autor in einem Schwarm einen Mauersegler, der ein ganzes Bündel von Heu und anderem Material, das an seinen Beinen hing, hinter sich herzog und wegen des Luftwiderstands erhebliche Mühe hatte, den anderen zu folgen. Später am Tag flog der Vogel wieder im Schwarm mit. Zum Glück hatte sich das Bündel an seinen Beinen stark vermindert. Das Fliegen bereitete ihm viel weniger Probleme. Dennoch ist fraglich, ob er mit dieser Behinderung langfristig überlebte. Ein anderer Segler hing an einer Schnur um den Hals aus seinem Kasten, unfähig, sich selbst zu befreien. Für ihn kam rechtzeitig Hilfe.

TIPP Das Überleben solcher Opfer hängt davon ab, dass sie rechtzeitig entdeckt werden. Bei nicht direkt zugänglichen Kästen hilft die Feuerwehr. Auch wenn man den Segler vor dem sicheren Tod bewahren kann, bleibt manchmal ein Bein verkrüppelt. Fliegen kann er zwar, aber beim Bezug eines Nistplatzes werden möglicherweise Probleme auftreten.

Problematische Nistplätze

Nistplätze mit optimalem Platzangebot und gutem Schutz gegen Feinde, Nässe, Kälte und Hitze sind nicht immer verfügbar. Deshalb werden auch Bruthöhlen mit suboptimalen Bedingungen besetzt. Nicht selten befinden sich Nester direkt unter Dachziegeln, wo im Sommer sehr heiße Temperaturen entstehen können, vor allem, wenn das Dach gegen Süden oder Westen geneigt ist. Das kann dazu führen, dass die Jungen es im Nest nicht mehr aushalten und einen Ausweg suchen. Jungvögel aus solchen Nestern stürzen häufig ab, wenn sie aus dem Einflugloch kriechen, wo Kühlung lockt. Vor allem im Juli steigt die Zahl solcher am Boden gefundener Jungsegler bei den Pflegestationen sprunghaft an.

Hitzestaus kann es auch bei künstlichen Nisthilfen unter Vordächern geben. Die Sonne heizt den Boden und die Hausfassade unter den Kästen auf. Die heiße Luft staut sich unter dem Dachvorsprung und kann die Temperatur im Nest um mehr als 10 °C über die Umgebungstemperatur hochtreiben. An solchen Orten kann ein Belüftungsschlitz im oberen Bereich des Kastens das Schlimmste verhindern. Der so entstehende Luftzug bringt Erleichterung.

Krankheiten und Parasiten

Diese jungen Mauersegler wollten der Hitze entkommen und sind auf dem Boden gelandet. Im Juli häufen sich solche Vorfälle besonders bei den Mauerseglern.

Da die Segler im freien Flug wenig bis gar keinen Kontakt mit anderen Vögeln haben, ist die Ansteckungsgefahr von Natur aus gering. Am Nistplatz gibt es manchmal Begegnungen mit Sperlingen, vor allem von Mauerseglern; bei Alpenseglern brüten stellenweise Stadttauben und Dohlen im selben Raum. Eine Bedrohung, zum Beispiel durch die Vogelgrippe, scheint deshalb eher unerheblich.

Bei Mauerseglern ist über Infektionskrankheiten nichts bekannt. Dasselbe gilt auch für die Alpensegler. Aufhorchen lässt jedoch folgendes Ereignis:

Im Sommer 2022 wurden trotz günstiger Brutbedingungen unerwartet hohe Verluste (30–80 %) von 20–45 Tage alten Nestlingen in mehreren Schweizer Alpensegler-Kolonien *(Tachymarptis melba)* festgestellt.

Die untersuchten Nestlinge waren in gutem körperlichem Zustand, hatten aber ausgedehnte subkutane Blutungen sowie in Einzelfällen verkümmerte Primärfedern. In Gewebe und Blut wurden ungewöhnlich viele Trypanosomen, eine Protozoenart, nachgewiesen. Diese Befunde lassen vermuten, dass Tryponomiasis eine neu auftretende Krankheit bei schweizerischen Alpenseglern ist, die eine massive Sterblichkeit der Nestlinge verursacht. Die Elternvögel zeigten keine Beeinträchtigungen [8].

Erwachsene Vögel scheinen durch Lausfliegen oder Milben kaum beeinträchtigt zu sein. Auch Nestlinge sterben bei einem massenhaften Auftreten von Lausfliegen nicht in direkter Folge des Parasitenbefalls, sondern nur in Zusammenwirkung mit anderen negativen Einflüssen wie mangelhafte Ernährung. Bei den oben erwähnten Todesfällen von Alpenseglerjungen besteht allerdings der Verdacht, dass die Lausfliegen die Überträger der Krankheit sind. Das Thema Parasiten wird im Kapitel «Brutbiologie» ausführlicher behandelt.

Wetter

Bei Weitem die häufigste beobachtete Todesursache ist dem Wetter zuzuschreiben (47 von 70 Mauersegler-Totfunden [45], 33 % von 253 Alpenseglern verhungert, 16 % erschöpft [17]). Die Fluginsekten, einzige Nahrungsquelle der Segler, steigen mit wenigen Ausnahmen erst bei Temperaturen über 11 °C und vorwiegend bei gutem Wetter auf. Kälteperioden, in Europa häufig kombiniert mit Regenfall, hindern die Insekten am Fliegen. Das bedeutet für die Segler, dass sie hungern müssen, im schlimmsten Fall bis zu Erschöpfung und Tod.

Früh eintreffende Segler werden manchmal von Kälteeinbrüchen überrascht. Immer wieder geschieht es auch im Verlauf der Brutperiode, dass das Wetter extreme Formen annimmt. Es hängt vor allem von der Dauer solcher Schlechtwetterlagen ab, ob die Situation für die Vögel lebensbedrohlich wird. Bei bereits geschwächten Individuen (Ankunft nach dem Zug, höheres Lebensalter usw.) können allerdings auch weniger extreme Wetterlagen den Tod verursachen.

Aus der jüngeren Vergangenheit seit den 1930er-Jahren weiß man, dass sich alle 20 bis 30 Jahre Wetterkatastrophen ereignen. Kritisch wird es insbesondere dann, wenn große Teile Europas betroffen sind, sodass auch

Mauersegler bei seiner Bruthöhle. Immer wieder werden solche Nistgelegenheiten bei Renovierungen verschlossen.

Ausweichflüge nicht mehr zum Ziel führen. In der Folge kommt es zum Massensterben unter den Seglern. Seit vielleicht 30 Jahren häufen sich Jahresverläufe mit extremen Wetterlagen. Auf trockene oder extrem trockene Jahre folgen solche mit übermäßigen Niederschlägen, wie dies in Mitteleuropa 2020 («normales» Jahr), 2021 (sehr nass), 2022 und 2023 (beide sehr trocken und heiß) der Fall war. Entsprechend war 2021 ein bescheidenes Jahr für den Bruterfolg. Im September 2024 kam es im östlichen Mitteleuropa (Österreich, Tschechien

u. a.) zu einer Schlechtwetterlage mit tagelangem Starkregen und in der Folge schweren Überschwemmungen. Tausende von Schwalben und laut Presseberichten auch viele Mauersegler (vermutlich auf dem Herbstzug aus nördlichen Gebieten) starben an Erschöpfung infolge Nahrungsmangel.

Hitze und Trockenheit machen Seglern nichts aus, können aber Störungen in der Nahrungskette verursachen.

Auf die Auswirkungen des Wetters wird in den Kapiteln «Brutbiologie», Abschnitt «Einfluss des Wetters» und «Verhalten», Abschnitt «Wetterflucht» ebenfalls eingegangen.

Rückgang der Fluginsekten

Beunruhigende Zahlen aus der Forschung zeigen einen dramatischen Rückgang der Fluginsekten innerhalb einer Beobachtungsspanne von 30 Jahren. Hierzu ein Beispiel aus Deutschland: Die sogenannte Krefelder Studie hat bei ihrem Erscheinen viel Aufsehen erregt.

Zwischen 1989 und 2016 sammelte der Entomologische Verein Krefeld an 63 Standorten in Naturschutzgebieten in Nordrhein-Westfalen, Rheinland-Pfalz und Brandenburg fliegende Insekten. Dabei wurde nach einer umfassenden Auswertung der Daten durch Prof. Caspar Hallmann von der Universität Radboud festgestellt, dass im Zeitraum von 27 Jahren die Biomasse der fliegenden Insekten um über 75 Prozent zurückgegangen war, an zwei Standorten sogar bis zu 80 Prozent. [18]

Der dramatische Rückgang ist vor allem im Kulturland und in darin eingebetteten Schutzgebieten zu beobachten. In Deutschland, so schreibt die Deutsche Akademie der Naturforscher Leopoldina in Halle (Saale), nahm die Häufigkeit von Arten in Agrarlandschaften um etwa 30 Prozent ab. In Wäldern, Feuchtgebieten und Siedlungsräumen blieb die Zahl hingegen stabil oder stieg sogar wieder an.

Rechnet man zurück auf die letzten 100 Jahre, so müsste wohl der Bestand an Insekten um über 90 Prozent geschrumpft sein. Wie es den Seglern gegenwärtig trotzdem gelingt zu überleben und ihre Bruten aufzuziehen, ja sogar ihre Bestände zu vermehren, dazu fehlt bisher eine plausible Erklärung. Ohne Gegenmaßnahmen ist irgendwann der kritische Punkt erreicht, wo Segler und Schwalben beim Nachwuchs und auch bei den Erwachsenen massive Verluste erleiden. Der Insektenrückgang ist das Damoklesschwert schlechthin, das langfristig das Überleben der Insektenjäger bedroht. Mit viel Optimismus kann man hoffen, dass die Forderung nach mehr Biodiversität zu einer Verbesserung der Lage führt. Allerdings müssen dazu innerhalb nützlicher Frist auch weitreichende und wirksame Maßnahmen ergriffen und umgesetzt werden.

Oberleitungen von Straßenbahn und Bus, Aufhängungen von Straßenlaternen usw. stellen für Segler eine Kollisionsgefahr dar. Auch spiegelnde Fassaden sind gefährlich. Prag

Kollisionen und andere Todesursachen

In ihrer Entwicklungsgeschichte wurden die Segler nie mit in der Luft hängenden Drähten, Fensterscheiben, Bahnen, Autos oder Flugzeugen konfrontiert. Diese Gefahren sind erst vor kurzer Zeit durch den Menschen geschaffen worden und stellen Segler – wie viele andere Tierarten auch – vor neue Probleme. Eine nicht unerhebliche Zahl (7 von 70 Mauerseglern [46], 29 % von 253 Alpenseglern [3]) stirbt durch Kollision mit einem Hindernis.

An einem warmen Sommerabend beobachtete der Autor an der Universität Bern (Hauptgebäude) die Alpensegler, die in einem größeren Schwarm an den Nistplätzen vorbeiflogen. Lebhafte Rufe zeigten an, dass die Segler in bester Spiellaune waren. Plötzlich ertönte ein recht lauter Knall. Einer der Segler war mit einem der Drahtseile kollidiert, die Sonnensegel über einem Lichthof der unterirdischen Bibliothek aufspannen. Er stürzte in den Lichthof ab, wo er vergeblich versuchte, an den Wänden aus Metall und Glas hinaufzuklettern. Ein Anruf bei der Feuerwehr brachte Hilfe. Der Alpensegler wurde geborgen. Eine kahle Stelle am Kopf zeigte, wo er mit dem Kabel in Kontakt geraten war. Am Morgen darauf hatte er sich von seiner Benommenheit erholt und konnte am gleichen Ort wieder freigelassen werden.

Nebst den bisher beschriebenen Bedrohungen gibt es auch noch andere Todesursachen. So kommen in Einzelfällen Segler bei Kämpfen um Nistplätze ums Leben, sei es mit Artgenossen, sei es in der Auseinandersetzung mit anderen Vogelarten wie Staren.

Auf der anderen Seite ergeben sich vermehrte Ausfälle im 1. Lebensjahr mangels Erfahrung. Die Segler sind als Langstreckenzieher und Dauerflieger in steter Herausforderung, was einerseits die körperliche Leistungsfähigkeit und anderseits das Verhalten (Erkennen und Vermeiden von Gefahren und Finden günstiger Lebensbedingungen usw.) betrifft. Frisch ausgeflogene Jungvögel werden leichter zur Beute von Flugfeinden, und sie sind unter schwierigen Bedingungen schneller überfordert. Aber alle Segler sind für das Überleben darauf angewiesen, gesund zu bleiben. Geringste Störungen der körperlichen Leistungsfähigkeit oder etwa ein plötzlicher Sandsturm über der Sahara können fatale Folgen haben.

Rechts und folgende Seiten: Die weiter unten erwähnte Kirche in Bardolino am Gardasee nach der Sanierung. Die Segler nisteten früher in den zahlreichen Löchern, deren Optik erhalten blieb (in der vergrößerten Ansicht des Turms gut sichtbar). Bei näherer Betrachtung erkennt man, dass die Löcher bis auf wenige Zentimeter zugemauert wurden und der Hintergrund einen schwarzen Anstrich erhielt. Ob die Aktion aus bautechnischen Gründen oder speziell zur Vertreibung der Segler unternommen wurde, bleibt offen.

Zerstörung von Nistplätzen

Die Hauptursache für den Rückgang der Mauerseglerpopulation seit den 1950er-Jahren ist die Zerstörung von Nistplätzen. Als Kulturfolger sind die Vögel in eine starke Abhängigkeit von den Menschen geraten. Über lange Zeit spielte das keine entscheidende Rolle. Eine Wende ergab sich ab Mitte des 20. Jahrhunderts. Neue Techniken im Hausbau verhinderten bei Neubauten die Entstehung von Nisthöhlen. Immer mehr wurden auch alte Gebäude abgerissen und durch neue ersetzt. Die immense Bautätigkeit in

der jüngeren Vergangenheit brachte den Seglern also keinen Nutzen. Bei der Sanierung von Altbauten achtete man zudem vermehrt auf gute Isolation. Mögliche Nisthöhlen wurden dabei entfernt oder verschlossen. Lüftungsziegel auf Dächern entfielen, Lüftungsschlitze wurden mit Gittern versehen. Der schleichende Verlust an Nistplätzen hatte einen entscheidenden Einfluss auf die Bestandsentwicklung vor allem der Mauersegler. Auch die gebäudebrütenden Alpensegler waren betroffen. Als seltene Art genossen sie jedoch – mindestens seit dem 20. Jahrhundert – mehr Aufmerksamkeit bei Ornithologen, und so wurden ihre Nistplätze dank deren Intervention bei Eingriffen besser geschützt.

Im italienischen Bardolino, einem Touristenort am Ostufer des Gardasees, waren Anfang des 21. Jahrhunderts viele Mauersegler und wahrscheinlich auch Fahlsegler zu Hause. Eine schöne Kolonie befand sich in der ältesten Kirche am Rande der Altstadt. Die Segler nisteten in Mauerhöhlen, die, wie an vielen Gebäuden aus dem Mittelalter, der Aufnahme von Gerüststreben gedient hatten. In einem Sommer waren dann plötzlich alle Segler verschwunden. Eine genauere Besichtigung ergab, dass das Gebäude in der Zwischenzeit saniert worden war. Die Mauerlöcher hatte man bis auf wenige Zentimeter verschlossen und die Nischenhintergründe schwarz gestrichen, wohl um den optischen Effekt beizubehalten. Segler konnten nicht mehr dort nisten. Schätzungsweise mehrere Dutzend Paare wurden so heimatlos. Ob sie andernorts wieder einen Platz fanden, ist angesichts des in vielen Gegenden achtlosen Verhaltens der Menschen unwahrscheinlich.

Mitten in der Brutzeit der Mauer- und Fahlsegler begann man am dicht besiedelten Turm der Stadtkirche in Locarno ein Baugerüst aufzubauen. Der Autor, der in diesem Moment vorbeiging, sah, was drohte, und setzte alle Hebel in Bewegung, um das Unglück zu verhindern. Es gelang, die Aktion zu stoppen, das Gerüst musste verschwinden. An dieser Kirche befand sich die damals einzige bekannte Fahlseglerkolonie in der Schweiz! In Verhandlungen mit den Behörden gelang es dem Tessiner Vogelschutz, die Kolonie zu erhalten.

Unten: Renovierungen von Häusern sind nötig, werden aber immer wieder zu einer Bedrohung für Nester und Junge, weil sie meist während der Brutzeit der Segler durchgeführt werden. Dabei droht auch der endgültige Verlust eines Brutplatzes wegen der systematischen Versiegelung. Netze machen die Nistplätze für Segler unzugänglich. Deshalb sollte in solchen Fällen immer für Provisorien außen am Gerüst gesorgt werden. Das gezeigte Gebäude ist ein Beispielbild. Es gibt keine Belege für vorhandene Seglernester.

Rechts: Segler gehören zu unseren Siedlungen. Das darf nicht verloren gehen!

Auch in der Schweiz und in Deutschland finden solche Zerstörungen von Nistplätzen statt (siehe das Beispiel von Locarno). Oft fehlt die Kenntnis um vorhandene Brutplätze, aber leider gibt es belegte Fälle, bei denen wider besseres Wissen Nester in großer Zahl beseitigt wurden, zum Teil sogar mitten in der Brutzeit. Dabei werden oft Gelege zerstört, und es kommt bei den Brutvögeln oder den Jungen auch zu Todesfällen. Beteiligte Firmen und Arbeiter unterstehen meist der Schweigepflicht. Dem Autor ist bekannt, dass manchmal rigoros verfahren wird, um Bauverzögerungen und zusätzliche Kosten zu vermeiden. Werden derartige Verstöße gegen das Gesetz nicht zufällig und rechtzeitig entdeckt, wird großes Unheil angerichtet. Es ist leider anzunehmen, dass die Dunkelziffer bei der Zerstörung von Nistplätzen groß ist. Demgegenüber gilt es aber festzuhalten, dass bei vielen Bauherren und Architekten ebenso wie auf dem Bau Beschäftigten eine positive Einstellung vorhanden ist und sehr oft einvernehmliche Lösungen gefunden werden können. Nicht selten geht dabei die Initiative von den Bauverantwortlichen aus.

Es ist klar, dass mit dem Verlust der Nistplätze den Seglern langfristig der Untergang droht. Wie dem entgegengewirkt werden kann, soll im nächsten Kapitel besprochen werden.

Seglerschutz

Vorhergehende Doppelseite: Der junge Mauersegler ist nach der Pflege in menschlicher Hand ausgewachsen und startet in die Freiheit.

Unten: Es gibt vielerlei Möglichkeiten, der Wohnungsnot der Mauersegler zu begegnen. Hier eine ästhetisch ansprechende Lösung. Die Kästen sind durch Zwischenböden getrennt. Einfluglöcher und Böden wurden so angepasst, dass sie horizontal ausgerichtet sind.

Maßnahmenkatalog

Aufgrund des Gefährdungspotenzials (siehe vorheriges Kapitel) wird deutlich, mit welchen Maßnahmen den Seglern geholfen werden kann.

Am Nistplatz helfen spezifische Maßnahmen, um das Eindringen und Wegfangen durch natürliche Feinde zu verhindern oder zu minimieren. Gegen Flugfeinde wie Wander- und Baumfalken gibt es keine Schutzmaßnahmen.

Zum Schutz vor dem Verfliegen in Gebäuden kann ein möglicher Brutbereich zum Gebäudeinneren hin gesichert werden, ohne dass dabei die Nistmöglichkeiten zerstört werden.

Es gibt keine oder nur sehr beschränkte Möglichkeiten, um frei lebenden Seglern gegen Krankheiten und Parasiten zu helfen. Der Einsatz von Insektiziden am Nistplatz ist sehr fragwürdig in Bezug auf das Verhältnis von Schaden und Nutzen; er wird von den meisten Fachkräften abgelehnt. Kranke, erschöpfte oder verletzte Vögel können in spezialisierten Stationen gepflegt werden (siehe auch Abschnitt «Pflege und Aufzucht»).

Vor Kollisionen mit Hindernissen und Wettereinflüssen lassen sich die Segler kaum schützen.

Gegen gefährliches Nistmaterial (Schnüre, Plastikfäden) hilft nur das Reinigen der Kästen vor der Ankunft der Segler (ohne Entfernen des Seglernests) oder das Verschließen des Einflugs außerhalb der Brutzeit. Beide Maßnahmen sind aber vielerorts gar nicht oder nur mit großem Aufwand durchführbar. Oft ist es jedoch möglich, einen Schließmechanismus zu installieren, der auch aus größerer Distanz zu bedienen ist. Der beste Schutz aber besteht immer noch darin, solch problematischen Materialien gar nicht erst in die Umwelt gelangen zu lassen. Viele Menschen sind dafür sensibilisiert und achten entsprechend darauf.

Gegen den Rückgang der Fluginsekten helfen gezielte Maßnahmen zur Förderung der Biodiversität, darunter auch das Eindämmen von Pestiziden in der Landwirtschaft usw.

Der Zerstörung und dem Verlust von Nistplätzen lassen sich sehr wirkungsvolle kompensatorische Maßnahmen entgegensetzen, die unten ausführlich besprochen werden.

Gesetzlicher Schutz

In vielen europäischen Ländern sind die Nistplätze von Schwalben und Seglern gesetzlich geschützt. Sie dürfen während der Brutsaison nicht gestört werden, und man darf sie auch außerhalb dieser Zeit nicht zerstören.

Beispielhaft sollen die Regelungen in Deutschland und der Schweiz vorgestellt werden.

Deutschland

§ 44 Abs 1 BNatSchG (Auszug)

«Es ist verboten,
wild lebenden Tieren der besonders geschützten Arten nachzustellen, sie zu fangen, zu verletzen oder zu töten oder ihre Entwicklungsformen aus der Natur zu entnehmen, zu beschädigen oder zu zerstören,

wild lebende Tiere der besonders geschützten Arten* und der europäischen Vogelarten während der Fortpflanzungs-, Aufzucht-, Mauser-, Überwinterungs- und Wanderzeiten erheblich zu stören; [...],

Fortpflanzungs- oder Ruhestätten der wild lebenden Tiere der besonders geschützten Arten aus der Natur zu entnehmen, zu beschädigen oder zu zerstören. [...]»

* Zu den *besonders geschützten* Arten gehören u. a. die europäischen Vogelarten. Daneben gibt es auch noch die streng geschützten Arten, zu denen die Segler nicht gehören.

Betreffend Mauersegler gilt also:
Bei Bauarbeiten an einem Gebäude dürfen weder die Nester noch die Jungen entfernt werden, noch darf man die Brutvögel am Ein- und Ausfliegen hindern. Vorhandene Brutplätze mitsamt Zugang müssen erhalten bleiben. Bauarbeiten dürfen erst nach dem Ausfliegen der Nestlinge ausgeführt werden.

Bei Zuwiderhandlung können Geldbußen bis zu 50 000 Euro verhängt werden.

Schweiz

Bundesgesetz über die Jagd und den Schutz wildlebender Säugetiere und Vögel, Artikel 17: Vergehen

«1 Mit Freiheitsstrafe bis zu einem Jahr oder Geldstrafe wird bestraft, wer vorsätzlich und ohne Berechtigung:

a. Tiere jagdbarer und geschützter Arten jagt oder tötet sowie Tiere geschützter Arten einfängt, gefangen hält oder sich aneignet;
b. Eier oder Jungvögel geschützter Arten ausnimmt oder das Brutgeschäft der Vögel stört;
c. lebende oder tote geschützte Tiere, Teile davon sowie daraus hergestellte Erzeugnisse und Eier ein-, durch- oder ausführt, feilbietet oder veräußert;

[...]»

Verordnung über den Natur- und Heimatschutz (NHV), Artikel 20: Artenschutz

«[...]
2 Zusätzlich zu den im Bundesgesetz vom 20. Juni 1986 über die Jagd und den Schutz wildlebender Säugetiere und Vögel genannten gelten die wildlebenden Tiere der im Anhang 3 aufgeführten Arten als geschützt. Es ist untersagt, Tiere dieser Arten:

a. zu töten, zu verletzen oder zu fangen, sowie ihre Eier, Larven, Puppen, Nester oder Brutstätten zu beschädigen, zu zerstören oder wegzunehmen;
b. […]»

Die weggelassenen Stellen sind in diesem Zusammenhang nicht relevant. Zu beachten ist, dass es beim Schutz der Nester oder Brutstätten keine einschränkenden Bestimmungen gibt. Folglich sind die von den Seglern jährlich wieder benutzten Nistplätze auch außerhalb der Brutsaison geschützt.

Die Rechtslage ist demnach eindeutig und sollte eigentlich genügen. Tatsächlich aber ist die Durchsetzung des Schutzes in der Praxis nicht so einfach. Oft fehlen Personen oder Organisationen, die sich für die Erhaltung der Nistplätze einsetzen. In vielen Fällen, gerade beim Mauersegler, sind zahlreiche Niststandorte unbekannt und werden deshalb bei baulichen Eingriffen unabsichtlich zerstört. Ohne Kläger gibt es auch keinen Richter. Es wird deshalb kaum möglich sein, nur auf diesem Weg dem Rückgang der Segler Einhalt zu gebieten.

Ein Mauersegler schlüpft unter einen Dachziegel, wo sich sein Nest befindet. Gefahr droht durch die Hitze im Hochsommer, aber auch durch die Dachtraufe, die für die Jungen zu einer Falle werden kann, aus der sie nicht herausfinden. Am blanken Metall finden sie keinen Halt zum Hinausklettern, falls sie in der Rinne landen.

«St. Galler Hausverwaltung sperrt brütende Alpensegler aus»

Zuoberst im Mehrfamilienhaus an der Burgstrasse 74 brüten seit Jahren Alpensegler. Die flinken Flieger gelangen durch einen Spalt in der Untersicht ins Dach, wo sie ihre Eier legen, ausbrüten und ihre Jungen großziehen. Gestört haben die unauffälligen Vögel, die beim Brutgeschäft weder viel Krach machen noch ihren Kot auf der Fassade hinterlassen, in all den Jahren offenbar niemanden.
Über die Flugkünste der Vögel, die fast ihr ganzes Leben in der Luft verbringen, gefreut hat sich hingegen mindestens ein Nachbar. Er war es auch, der am Donnerstag Alarm geschlagen hat: Am Vormittag rückten Arbeiter an, die die Öffnungen in der Dachuntersicht mit Blechen abdichteten.
Das löste bei den erwachsenen Alpensegler, die mit Futter zu ihren Jungen wollten, große Aufregung aus. Die Tiere flatterten immer wieder vor den verschlossenen Zugängen zu ihren Nestern. Der Nachbar informierte daraufhin ein ihm bekanntes Mitglied des städtischen Naturschutzvereins und dieses gelangte an die Stadtbehörden.
[...] Die Tierschutzbeauftragten der Stadtpolizei, die städtische Fachstelle Natur und Landschaft sowie deren Seglerberatung wurden aktiv. Die Hausverwaltung, die das Abdichten der Einfluglöcher in Auftrag gegeben hatte, wurde kontaktiert. Und am späten Nachmittag konnten die Alpensegler wieder zu ihren Nestern im Hausdach gelangen. [...]»

(St. Galler Tagblatt vom 23.06.2018, Autor Reto Voneschen)

Schutzstrategie

Die primäre Maßnahme besteht darin, bestehende Nester zu erhalten. Wo dies nicht möglich ist, muss gleichwertiger Ersatz geschaffen werden.

Die zweite Maßnahme zielt darauf ab, den Bestand der Mauersegler wieder auf die Zahlen von Mitte des 20. Jahrhunderts zu bringen.

In Diskussionen mit anderen Seglerspezialisten ist diese Forderung manchmal auch auf Skepsis und sogar Ablehnung gestoßen. Das Ziel, das Nistplatzangebot wieder auf den Stand der 1950er-Jahre zu bringen, soll deshalb genauer begründet werden.

Warum soll man sich damit zufriedengeben, den gegenwärtigen schlechten Stand der Dinge als gegeben zu akzeptieren? Der Rückgang wurde durch menschliche Tätigkeit verursacht und ist nicht Folge einer Entwicklung, die außerhalb der Reichweite menschlicher Einflussnahme liegt. Was einmal Wirklichkeit war, kann also wieder Wirklichkeit werden, und das mit vernünftigem Aufwand. Die Grenzen dessen, was realisierbar ist, setzt in diesem Fall nur der Mensch allein.

Ein gewichtiger Einwand gegen diese Zielsetzung ist sicher, dass man nicht von genauen Zahlen ausgehen kann und dass der Rückgang regional unterschiedlich ausfällt. Außerdem setzt das Nahrungsangebot irgendwann Grenzen. Dies ist alles richtig und erschwert die konkrete Umsetzung. Die Zahl der Nistplätze, die zu schaffen sind, kann wohl nicht genau beziffert werden und ist von Region zu Region verschieden.

Dagegen kann man festhalten, dass europaweit Einigkeit darüber herrscht, in welchem Maß die Population geschrumpft ist. Es handelt sich gesamthaft um einen Drittel des Bestands. Da feststeht, dass die Hauptursache für den Rückgang der Verlust an Nistplätzen ist, also gegenwärtig den Begrenzungsfaktor Nummer eins für die Seglerpopulation darstellt, ist durch entsprechenden Aufwand Abhilfe möglich. Bedenkt man weiter, dass das Bauvolumen seit den 1950er-Jahren um ein Mehrfaches zugenommen hat, kann man sich eigentlich nur darüber wundern, welches Potenzial hier seit Jahrzehnten vergeben worden ist.

Auch dieses Haus zeigt eine interessante Variante für die Schaffung von Nistplätzen. Im Handel sind Niststeine erhältlich, die ins Mauerwerk eingebaut werden können

Die beiden Bilder auf dieser Doppelseite sind an der Monbijoubrücke in Bern entstanden. In Absprache mit dem Tiefbauamt der Stadt Bern konnten hier über 70 Nistkästen für Mauersegler montiert werden. Das Bild rechts zeigt den Autor im Korb einer Selbstfahrer-Hebebühne, die für solche Arbeiten nötig ist (Arbeitshöhe ca. 18 m ab Boden).

Die Schaffung neuer Plätze sollte nicht wahllos geschehen. Wo besonders großer Bedarf herrscht und wo noch akzeptable Verhältnisse herrschen, lässt sich leicht feststellen. Es muss bei vernünftiger Planung kaum befürchtet werden, dass plötzlich ein großes Überangebot an Nistplätzen herrscht. Wenn man die Beispiele aus Spanien anschaut, wo an einem relativ kleinen Ort Tausende von Mauerseglern nisten, darf man überdies schließen, dass die Grenze von Nistplatz-Überangebot und mangelndem Nahrungsangebot nicht so schnell erreicht ist. Im Umfeld einer Siedlung steht meist auch ein weitläufiges Gebiet für den Nahrungserwerb zur Verfügung. Die Maßnahmen lassen sich nicht innerhalb kurzer Zeit verwirklichen, sondern müssen verteilt auf mehrere Jahrzehnte realisiert werden. Auch die Segler könnten mit einem plötzlich stark erweiterten Nistplatzangebot nicht mithalten, da sie sich eher langsam vermehren.

Klar ist, dass auch eine Seglerpopulation ihre Obergrenze hat. Das Beispiel der Alpensegler beweist es: In Bern könnten wohl theoretisch 1000 Paare brüten, es sind jedoch nur 300 Brutpaare anwesend. Die Population wächst einiges langsamer als die der Mauersegler, und doch hat sich der Bestand innert 40 Jahren fast verfünffacht. Alpensegler suchen übrigens immer wieder alternative Plätze, auch wenn sie in bestehenden Kolonien genug Raum vorfänden.

Die dritte Maßnahme besteht darin, geeignete Schutzkonzepte zu entwickeln, um den Erhalt von Nistplätzen langfristig, das heißt über Jahrzehnte und länger, zu garantieren.

Kommunale und staatliche Institutionen, aber auch private Schutzorganisationen und spezialisierte Vereine müssen hier die Verantwortung und/oder Betreuung übernehmen. Ein unabdingbarer Schritt und wesentliche Voraussetzung für ein Schutzkonzept ist die Kenntnis vorhandener Nistplätze in Siedlungen. Wünschenswert ist deshalb ein von der Stadtverwaltung initiiertes Monitoring der Seglernester bzw. der Brutpaare.

Schutzmaßnahmen für Mauersegler

Wie schon erwähnt, ist der Mauersegler als überwiegender Gebäudebrüter besonders von Verlusten seiner Nistplätze betroffen. Es gibt mehrere Ansätze/Möglichkeiten, um ihm zu helfen.

Bestehende Nistplätze

Bestehende Nistplätze werden vor allem durch bauliche Maßnahmen, sprich Umbauten und Sanierungen, bedroht. Am radikalsten ist natürlich der Abriss eines alten Gebäudes. In jedem Fall ist, wie bereits erwähnt, der Eigentümer oder die Eigentümerin verpflichtet, bestehende Nistplätze zu erhalten oder, falls dies nicht möglich ist, Ersatz zu schaffen. Die zuständige Behörde muss in Zusammenarbeit mit Seglerspezialisten dafür sorgen, dass die gesetzlichen Bestimmungen eingehalten werden.

Wenn die Nistplätze nicht tangiert sind und der Einflug gewährleistet ist, sind keine besonderen Maßnahmen erforderlich. In den anderen Fällen lässt sich der Bautermin oft so legen, dass die Segler ungestört brüten können. Falls die Sanierung unbedingt während der Brutsaison stattfinden muss, sollte ein provisorischer Ersatz möglichst nahe bei den originalen Nestern am Gerüst angebracht werden. Das bedingt aber auch, dass die Provisorien bis zum Ende der Brutsaison dort verbleiben können. Mauersegler nehmen gemäß dem Autor vorliegenden Berichten solche Übergangslösungen willig an.

Sollten Ersatzlösungen nötig sein, müssen sie an die lokalen Gegebenheiten angepasst werden. Manchmal gelingt es, neue Nisthöhlen in der Bausubstanz zu integrieren, manchmal muss man externe Nistkästen an geeigneten Stellen anbringen. Bei dieser Gelegenheit ist es sinnvoll, das bisherige Nistplatzangebot gleich zu erweitern, falls die Bauherrschaft damit einverstanden ist.

Eine spezielle Form von Nistkästen, hier an einem Haus mit Flachdach befestigt. Bei solchen Konstruktionen ist besonders auf Wärmeisolation und Schutz vor Regen zu achten. Eine Wartung der Kästen ist nur in großen Zeitabständen nötig, wobei das vorhandene Nest nicht entfernt werden darf. Bei Renovierungszyklen der Gebäude von 20–30 Jahren wird der Zeitrahmen genügen, um bei einer solchen Gelegenheit die Kästen wieder auf Vordermann zu bringen. Sollten dennoch in Einzelfällen Nester unbenutzbar werden, kann gezielt eine Instandstellung angegangen werden.

Neue Standorte

Das Ziel eines langfristigen Seglerschutzes sollte, wie schon besprochen, darin bestehen, die Angebotsvielfalt der 1950er-Jahre wiederherzustellen. Die Neuschaffung von Niststandorten hat dementsprechend eine große Bedeutung. Langfristigkeit bedeutet dabei auch, dass die neuen Nistplätze auf viele Jahrzehnte hinaus erhalten bleiben können. Dies ist in der Planung ein wichtiger Faktor für die Kontinuität bei den Seglern und auch für die Kostenseite.

Neue Standorte können bei Neubauten schon in der Planungsphase berücksichtigt werden. Das kann zu besonders gelungenen Lösungen führen, die alle Bedürfnisse befriedigen. Eine weitere Möglichkeit sind Gebäudesanierungen, während derer dank Baugerüsten ein erleichterter Zugang zu den bevorzugten Bereichen, meist in Dachnähe, gegeben ist.

Für die konkreten Situationen gibt es eine Standardlösung: In vielen Fällen kann mit mehr oder weniger genormten Kästen gearbeitet werden (siehe

Nistkastenmodelle gibt es viele. Hier ein einfaches Modell mit dem Einflugloch auf der Längsseite (Foto folgende Seite: Kästen mit Flugloch auf der Schmalseite). Wichtig ist, dass die Einflugseite mittels Scharnieren geöffnet werden kann; dazu gehört auch ein Verschluss, hier mit einer Winkelschraube. Wesentlich ist die exakte Abmessung des Fluglochs, dessen Kanten gebrochen und dessen Ränder glatt geschliffen sein sollten. Das Flugloch an diesem Kasten war nicht exakt genug gearbeitet, es musste nachgebessert werden. Als Material empfiehlt sich Fichtenholz mit einer Stärke von 18–20 mm. Ein ungiftiger Außenanstrich passend zum Standort verbessert den ästhetischen Wert und die Beständigkeit.

Abbildung Kastenmodell). Wo möglich, sollten aber die strukturellen Gegebenheiten am Gebäude für individuelle Realisierungen berücksichtigt werden. Mauersegler beanspruchen pro Paar einen abgeschlossenen Brutraum. Dennoch ist die Bildung von großen Kolonien möglich. So kann das Anbringen von Nisthilfen in großer Zahl durchaus sinnvoll sein. Es sind Fälle von bis zu 200 Nistplätzen an einem einzelnen Gebäude bekannt. Hilfreich für die Ansiedlung ist das Einkleben eines Kunstnests aus Pappmaché oder das Einlegen von etwas Heu an der dunkelsten Stelle im Kasten, aus dem die Segler dann selbst ein Nest basteln.

Um Mauersegler auf neue Möglichkeiten aufmerksam zu machen, haben sich Lockrufanlagen bewährt. Sie bestehen heute meist aus einem elektronischen Abspielgerät, angeschlossen an einen Timer, und einem externen Hochtonlautsprecher, der in der Nähe eines Einfluglochs angebracht ist. Mit dieser Maßnahme kann die Wartezeit bis zur Erstansiedlung merklich, unter Umständen drastisch verkürzt werden. Dennoch kann es mehrere Jahre dauern, bis sich die ersten Brutpaare niederlassen. Das hängt mit der Nähe anderer Standorte zusammen, aber auch mit der Wohnungsnot in bestehenden Kolonien.

Schutzmaßnahmen für Alpensegler

Der Alpensegler bewohnt im Mittelmeerraum vorwiegend natürliche Nistplätze wie Klippen und Felswände. Als Gebäudebrüter ist er vor allem in Mitteleuropa verbreitet (Kerngebiet Schweiz und angrenzende Regionen wie Süddeutschland und Elsass). Da diese Art hier nur in geringer Zahl brütet, reagiert sie auf Störungen besonders empfindlich. Der Schutz bestehender Niststandorte hat deshalb in diesen Gebieten absoluten Vorrang und ist von existenzieller Bedeutung. Die Schaffung neuer Plätze ist je nach herrschenden Verhältnissen sinnvoll und wünschenswert, aber nicht generell vorrangig, da der Bestand nur langsam zunimmt. Von großem Vorteil hat sich erwiesen, wenn Alpensegler in einer Ortschaft nicht auf ein einziges Gebäude konzentriert sind. Dies mindert die Risiken bei Störungen (Sanierungen, Verlust des Gebäudes, Einfall von Nesträubern wie Marder).

An diesem Haus sind verschiedene Möglichkeiten gezeigt, wie Nisthilfen für Mauersegler angebracht werden können: Kästen in Dreiecksform in der Dachschräge, Standardmodelle an der Dachuntersicht und integrierte Kästen im Hohlraum am unteren Teil des Vordachs. Trotz der Vielzahl der Nistmöglichkeiten (20) ist die Fassade nicht überladen. Sichtbare Kästen wurden in passender Farbe gestrichen. Die Mauersegler nahmen alle Möglichkeiten dankbar an.

Das Vorgehen bei Alpenseglern ist zu weiten Teilen gleich wie beim Mauersegler. Eine der wesentlichen Abweichungen ergibt sich aus dem Größenunterschied der Vögel. Der Alpensegler benötigt mehr Platz und einen größeren Einflug, und er bevorzugt einen höher gelegenen Nistplatz. Anders als der Mauersegler hat der Alpensegler nach der Ankunft genügend Zeit, Nistmaterial zu sammeln und sein Nest selbst zu bauen, er braucht also kein zusätzliches Material. Außerdem lebt er sowohl einzeln in Nistkästen als auch in größerer Zahl in offenen Bruträumen wie Dachböden usw. Dies erschließt andere Möglichkeiten bei der Anlage von neuen Standorten. Das Anlocken mit einem weiter oben beschriebenen Gerät ist nach den bisherigen Erfahrungen wesentlich weniger erfolgreich als beim Mauersegler. Deshalb kann es bei der ohnehin langsam verlaufenden Populationszunahme lange dauern, bis ein neuer Platz in Beschlag genommen wird.

Pflege und Aufzucht

Seglerschutz besteht auch darin, verletzte oder erschöpfte Vögel tierärztlich zu versorgen und nach der Heilung und Auffütterung wieder freizulassen. Die Methoden sind für Mauersegler und Alpensegler dieselben. Dafür sind spezialisierte Tierärzte und Betreuungspersonen erforderlich. Die Tiermedizin ist heute imstande, auch bei so kleinen Vögeln Verletzungen und Krankheiten erfolgreich zu behandeln.

Gebrochene Schwungfedern können durch «Schiften» geflickt werden, sodass der Vogel seine Flugfähigkeit sehr schnell wiedererlangt. Schiften heißt, dass Federn von toten Vögeln mithilfe von elastischen Fiberglasstäben, Carbonstäben oder Kielen anderer Federn sowie schnell aushärtendem Sekundenkleber an die vorhandenen Kiele der alten Federn geklebt werden. Die Fiber- oder Carbonstäbe dienen, eingeschoben in die hohlen Schäfte, als Verbindungsstück. Dabei muss der Bauplan des Flügels exakt eingehalten werden. Diese Technik wurde schon im Mittelalter in der Falknerei angewendet, mit anderen Materialien, versteht sich.

Bei kurzem Pflegeaufenthalt ist die Ernährungsfrage meist kein Problem, kann ein Segler doch, wie an früherer Stelle beschrieben, einen oder zwei Tage ohne Nahrung verbringen. Ist ein Tier unterernährt oder dauert der Pflegeaufenthalt länger, muss hingegen gefüttert werden. Dabei ist es von wesentlicher Bedeutung, dass dem Vogel nur Nahrung zugeführt wird, die er verträgt. In erster Linie werden in diesem Fall Heimchen verfüttert, die der natürlichen Nahrung gut entsprechen. Anderes Futter wie Hackfleisch usw. führt über kurz oder lang zu Entzündungen im Verdauungstrakt und zum Tod oder bei Jungvögeln zu schweren Wachstumsstörungen, zum Beispiel zur Ausbildung brüchiger Schwungfedern, was den Vogel fluguntüchtig macht. Auch Mehlwürmer haben sich als nicht adäquate Nahrung herausgestellt.

Erwachsene Segler sperren meist nicht selbst den Schnabel auf und nehmen das Futter auch nicht vom Boden auf. Deshalb ist in den meisten Fällen eine Zwangsfütterung nötig. Das erfordert eine spezielle Technik. Der Schnabel des Tieres muss behutsam geöffnet werden, ohne Verletzungen herbeizuführen, dann muss das Futter im Schlund platziert werden. Es kann eine Weile dauern, bis sich der Patient an das Verfahren gewöhnt hat und das Futter schluckt. Manchmal wird es auch wieder ausgespien, und die Pflegeperson muss viel Geduld mitbringen. Da das Füttern eine geübte Hand verlangt, sollte es, wenn möglich, immer von geschulten Personen ausgeführt werden.

Unten und nächste Seite: Junge Mauer- und Alpensegler lernen nach kurzer Zeit, bei der Fütterung durch Menschenhand selber zu sperren. Die hier gezeigten Fütterungen deuten auf ein eingespieltes Team hin.

Ein Problem bei erwachsenen Seglern besteht darin, dass bei länger dauernden Heilungsprozessen die Flugmuskulatur ihre Leistungsfähigkeit verliert. Es wurde schon verschiedentlich gesagt, dass ein Segler dann nie mehr die Flugfähigkeit erlangt, die er zum Überleben braucht [17]. Der Autor möchte nicht ganz ausschließen, dass es bei genügend Training trotzdem gelingen kann. Segler als Käfigvögel zu halten, ist im Übrigen zwar möglich, sollte aber unterlassen werden, da ihr Leben auf das Fliegen ausgerichtet ist: Eine solche Tierhaltung erfüllt wohl den Tatbestand der Tierquälerei, weil ein artgerechtes Leben unmöglich ist.

TIPP Findet man einen abgestürzten Jungvogel oder einen evtl. nicht flugtüchtigen Altvogel, solle man ihn unbedingt in eine Pflegestation bringen. Auskunft geben Vogelschutzorganisationen oder in der Schweiz die Vogelwarte Sempach. Dem Vogel darf man keinesfalls ungeeignetes Futter verabreichen. Auch die korrekte Fütterung (Heimchen) muss gelernt sein. Es besteht die Gefahr, dass man den Vogel verletzt. Die Segler halten es, wie schon gesagt, meist einen ganzen Tag ohne Nahrung aus, deshalb kann ohne Sorge eine Nacht abgewartet werden.
Falls die Übergabe an eine Pflegestation nicht möglich ist, kann ein Segler auch zu Hause aufgefüttert werden. Man sollte sich dann aber genau über das Vorgehen, die Technik, das Futter usw. informieren, um Fehler und Verletzungen des Vogels zu vermeiden.

Aus dem Nest abgestürzte Jungsegler werden bis zum Ausfliegen von Hand aufgezogen oder in geeignete Nester mit gleichaltrigen Seglerjungen eingesetzt. Bei der Fütterung von Jungvögeln wird genauso vorgegangen wie bei Erwachsenen. Oft betteln die Jungen nach kurzer Zeit von selbst um Nahrung («Sperren»). Dies erleichtert das Füttern enorm.

Kritisch ist es, wenn Segler lange nicht gefunden werden. Von den Eltern einige Zeit vor dem Flüggewerden verlassene Junge harren meist lange im Nest aus und gehen erst kurz vor dem Verhungern draußen zu Boden. Wenn ein Vogel zu sehr abgemagert, zum Beispiel bei älteren Mauerseglerjungen das Gewicht deutlich unter 30 Gramm gefallen ist, wird ein kritischer Punkt erreicht, wo Rettungsversuche oft zu spät kommen. Zu sehr haben die Organe des Vogels gelitten, sein Verdauungsapparat kann die dargebotene Nahrung nicht mehr verarbeiten. Da hilft manchmal sämtliches Können nicht weiter. Natürlich gibt es Fälle, wo sich Tiere auch aus solchen Situationen erholen. Das hat der Autor selbst bei der Aufzucht eines jungen Mauerseglers erlebt. Gesunde Jungvögel, die aus dem Nest gefallen sind, haben unter professioneller Betreuung große Chancen, gut genährt zum Ausfliegen zu kommen.

Heute versucht man, wenn möglich, solche Junge in einer Seglerfamilie mit ungefähr gleichaltrigen Jungen zu platzieren. Dabei gilt es zu beachten, dass sich in einem solchen Nest höchstens zwei Junge befinden sollten, besser nur ein einzelnes. Vier Junge aufzuziehen, ist für die meisten Segler eine Belastung, der sie nicht gewachsen sind. Sind die Jungen altersmäßig zu weit auseinander, kommen die kleineren eher zu kurz, und die Entwicklung verläuft nicht optimal. Ansonsten gelingen solche Adoptionen bei Mauerseglern ziemlich gut. Wenn sich die Nestlinge kurz vor dem Ausfliegen befinden, ist hingegen Vorsicht geboten, da das Zusetzen eines fremden Jungen die nesteigenen zum vorzeitigen Ausfliegen bewegen kann. Der Vorteil dieser Methode ist, dass die Jungvögel mit der bestmöglichen Nahrung aufwachsen und in natürlicher Seglergemeinschaft sozialisiert werden. Sie versagt aber häufig gegen Ende der Brutsaison, wenn nur noch wenige Nester belegt sind. Man findet dann manchmal keine geeignete Brut mehr.

Bei Alpenseglern, vor allem in offenen Bruträumen mit mehreren nahe beieinander liegenden Nestern, ist die Adoption schwieriger. Gerber [15] berichtet aber davon, dass manchmal ein Jungvogel von sich aus das Nest wechselt und dort adoptiert wird.

Ein großer Moment für Betreuer und für den Segler: Der Augenblick des Abflugs in ein hoffentlich erfolgreiches Seglerleben.

Hilfsorganisationen

An vielen Orten in Europa sind Pflegestationen entstanden, die sich der Aufgabe widmen, kranke, verletzte oder erschöpfte Segler bis zur Erlangung der Flugtüchtigkeit zu versorgen. Geschultes Personal bietet den Vögeln die bestmögliche Chance, flügge zu werden oder gesund in die Natur zurückkehren zu können. Segler sollten wann immer möglich an diesen Orten abgegeben werden.

Hilfe für die Segler ist im Großen und Ganzen auf freiwillige Arbeit von Menschen angewiesen, die sich mit Sachkenntnis und Einsatzwillen für die Bedürfnisse dieser Vögel einsetzen. Dafür sind zentrale Koordinationsstellen, aber vor allem auch regionale und lokale Vereine die geeigneten Strukturen. In größeren Ortschaften sind zudem Umweltschutzbehörden für den Schutz der Segler sensibilisiert und haben sogar eigene Fach- und Anlaufstellen geschaffen, so etwa in Zürich oder Bern. In Deutschland sind sehr gut organisierte Vereine tätig. Dabei kommt dem Einfluss auf Baubewilligungsverfahren (Kontrolle und Einhaltung der Schutzbestimmungen usw.) eine wichtige Rolle zu. Viele Städte in Deutschland widmen sich intensiv der Problematik und fördern den «Wiederaufbau» von Seglerkolonien.

In anderen Ländern Europas fehlen leider vielerorts entsprechende Organisationen, und die noch vor wenigen Jahrzehnten zahlreichen Segler verschwinden zunehmend, weil niemand da ist, der sich der Vögel annimmt. In Deutschland und in der Schweiz ist im Gegensatz dazu der Seglerschutz fast flächendeckend und sehr gut organisiert und entsprechend erfolgreich.

Die Vogelwarte Sempach (Schweiz) führt ein Verzeichnis von Pflegestationen in der Schweiz und sammelt von regionalen und lokalen Seglerspezialisten Daten. Sie vermittelt bei Anfragen Experten und Helfer. In regelmäßigen Abständen organisiert die Vogelwarte nationale Treffen von Seglerkundigen. Zu diesen Treffen werden immer wieder auch ausländische Gäste (Deutschland, Frankreich) eingeladen. Mit solchen institutionalisierten Veranstaltungen werden Kontakte gefördert, es findet ein wertvoller Erfahrungsaustausch statt, und neue Erkenntnisse können eingespeist werden.

In Deutschland gibt es als übergeordnete Organisationen den Bund für Umwelt und Naturschutz Deutschland BUND und den Naturschutzbund NABU, dazu eine Vielzahl regionaler oder örtlicher Vereine, die sich unter anderem stark für den Mauersegler und, wo vorhanden, den Alpensegler engagieren. Sie sind wohl fast ausnahmslos im Internet zu finden, wo sie über die Vögel und Schutzmaßnahmen usw. informieren. Es existiert dazu eine Vielzahl von Pflegestationen, die über die erwähnten Vereine vermittelt werden.

Dank des Engagements vieler Menschen, die sich unermüdlich mit Rat und Tat für die Segler einsetzen, können wir hoffnungsfroh in die Zukunft blicken. Was bereits geleistet wurde, ist beachtlich, und es geht den Seglern bei uns mit gewissen Einschränkungen gut. Noch gibt es viel zu tun, und es bleibt zu hoffen, dass sich immer wieder junge Menschen in dieser Richtung engagieren. Aber es scheint dem Autor gewiss, dass die Sommermonate auch in ferneren Zeiten von den Rufen unserer Segler erfüllt sein werden.

Weitere in Europa heimische Seglerarten

Vorhergehende Doppelseite: Haussegler mit den beiden Hauptmerkmalen: dem in geöffnetem Zustand gerundeten Schwanz und dem weißen Bürzel.

Unten: Fahlsegler. Der Bauch ist sehr deutlich geschuppt.

Fahlsegler *(Apus pallidus)*

Unterarten in Europa:
Apus pallidus brehmorum (in Europa verbreitetste Unterart)
Apus pallidus illyricus (in Europa auf dem Balkan und in der Ägäis, eventuell Ostitalien)

Beschreibung

Mittels DNA-Vergleichen ist die nahe Verwandtschaft von Mauersegler und Fahlsegler belegt worden. Die beiden Arten haben sich erst vor 1,9–2,1 Millionen Jahren getrennt [32]. Fahl- und Mauersegler brüten oft gemeinsam an Gebäuden; dabei gibt es offenbar zuweilen «Mischehen» mit Nachkommen [26].

Der Fahlsegler *(Apus pallidus)* ist – aufgrund der nahen Verwandtschaft – leicht mit dem Mauersegler zu verwechseln. Es bedarf schon genauer Beobachtung, um ihn einwandfrei identifizieren zu können.

Das Gefieder ist um einiges heller als das des Mauerseglers. Der Bauch ist hell geschuppt, der Kehlfleck weiß und groß, die Maske um die Augen deutlich dunkel. Zwischen den dunkleren äußeren Handschwingen und dem helleren inneren Handflügel ergibt sich ein größerer Kontrast als beim Mauersegler.

Die Flügel sind etwas kürzer und breiter, die Flügelspitze ist relativ stumpf, der Schwanz weniger tief gegabelt. Kopf und hinterer Rumpf sind etwas breiter.

Der Flug wirkt ein wenig behäbiger als der des Mauerseglers. Der Unterschied geht auf die leicht andere Form der Schwung- und Steuerfedern zurück.

Maße des adulten Fahlseglers [7]

Körperlänge (Schnabel–Schwanz)	im Mittel 160 mm
Flügellänge	im Mittel 171 mm (167–178 mm)
Spannweite	keine Angaben
Gewicht	im Mittel 41,3 g

Die Stimme ist der des Mauerseglers sehr ähnlich. Sie wirkt etwas weniger schrill, der Ruf ist eher tiefer, kürzer und deutlich abfallend, eher zweisilbig. Nur durch genaues Hinhören lassen sich die beiden Arten voneinander unterscheiden [7].

Bei so viel Ähnlichkeit ist es nicht verwunderlich, dass einige Kolonien des Fahlseglers am südlichen Alpenrand lange unentdeckt blieben.

Vorkommen und Bestand

Die Art bewohnt die Westpaläarktis, Westasien und den Nahen Osten. Der Fahlsegler überwintert hauptsächlich in Zentralafrika. In Ägypten und gebietsweise in Tschad und Niger gibt es ganzjährige Vorkommen. In Marokko, Algerien, Tunesien und Libyen, auf der Arabischen Halbinsel, im Golf von Oman und im Persischen Golf lebt er küstennah. In Europa hält sich die Art vor allem im Mittelmeerraum nahe der Küste auf, aber auf viele kleinere Teilpopulationen aufgeteilt: Das Vorkommen erstreckt sich von Portugal (Porto bis gesamte Mittelmeerküste) über Spanien und Frankreich (am Pyrenäenrand, auch im Inland im Massif Central, Bouches de Rhône, südliche Provence, Alpes Maritimes) bis Italien (Riviera, vom Golf von Salerno bis zum Golf von Tarent, adriatische Küste von Apulien bis Monte Gargano). Bewohnt sind auch die Mittelmeerinseln (Balearen, Korsika, Sardinien, Sizilien, griechische Inseln), die Balkanküste, Westgriechenland und Küsten in Ostgriechenland. Am weitesten nordwärts ist der Fahlsegler im italienischen Binnenland (Turin, Lago Maggiore) und in der Schweiz (Locarno, Wallis) vorgestoßen [7].

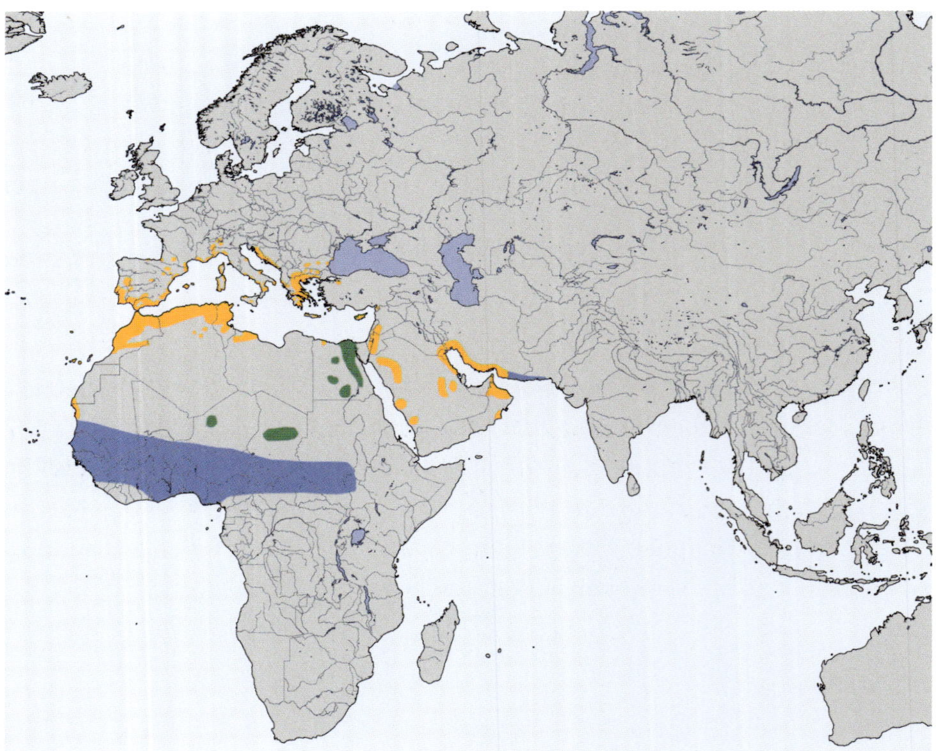

Verbreitung des Fahlseglers

- Sommeraufenthalt
- ganzjährig
- Winteraufenthalt

Das Brutgebiet dehnt sich langsam nordwärts aus. Im Jahr 2022 wurde ein Vorkommen in Genf (Schweiz) festgestellt, 2023 in Lyon (Frankreich). 2023 brüteten Fahlsegler auch im schweizerischen Brig (Wallis, mindestens 24 Brutpaare laut fauna.vs info Nr. 43/2023).

Bestand: Es gibt 63 000 bis 106 000 Brutpaare in Europa, 840 000 bis 1,4 Millionen Vögel weltweit [www.avi-fauna.info/segler/segler-familie/fahl-segler/, abgerufen am 21.10.2023].

Verhalten/Lebensraum

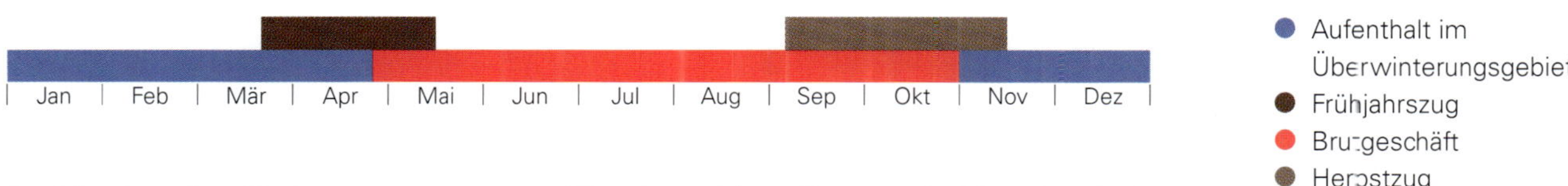

Im Norden des Verbreitungsgebiets (Frankreich) treffen die Fahlsegler früh im April ein und ziehen Mitte November weg. In Gibraltar und Marokko halten sie sich von Ende Februar bis Oktober im Brutgebiet auf, auf den Kanarischen Inseln von Januar bis September [7].

Der Fahlsegler lebt bevorzugt in felsigen Schluchten und Klippen an der Küste. Daneben ist er sowohl küstennah als auch im Binnenland wie der Mauersegler zu einem Kulturfolger geworden und bewohnt Gebäude in städtischen Siedlungen. Auf Zypern ist er bis 1700 m ü. M. anzutreffen, in Südwestbulgarien bis 2700 m ü. M. Er ist ein Koloniebrüter. Die größte Kolonie auf Gibraltar umfasst 60 Brutpaare, die Hälfte der Kolonien an diesem Ort hat jedoch weniger als 10 Paare. Er scheint weniger brutplatztreu zu sein als der Mauersegler.

Brutbiologie

Das Brutverhalten ähnelt dem des Mauerseglers. Die Gelegegröße beträgt zwei bis drei (Ø 2,9), bei Zweitbruten im Durchschnitt 1,9 Eier, die Nestlingszeit dauert 42 bis 48 Tage. Der große Unterschied zum Mauersegler besteht darin, dass Fahlsegler die erheblich längere Aufenthaltsdauer regelmäßig für die Aufzucht einer zweiten Brut nutzen.

Der weiße Bürzel gab dem Segler seinen Namen. Der zusammengelegte Schwanz läuft sehr spitz zu.

Weißbürzelsegler *(Apus caffer)*

Beschreibung

Der Weißbürzelsegler *(Apus caffer)*, früher Kaffernsegler genannt, hat ein einheitlich schwarzes Gefieder. Davon heben sich der weiße Kehlfleck und der weiße Bürzel ab. Der Kontrast zwischen Schwarz und Weiß unterscheidet ihn mit Ausnahme des Hausseglers *(Apus affinis)* und des Horusseglers *(Apus horus)* von allen sympatrischen (im gleichen Gebiet heimischen) Seglerarten.

Die Gestalt zeichnet sich durch einen schlanken Körper, lange Flügel und den langen Schwanz aus. Dieser ist im geöffneten Zustand tief gegabelt, während des Flugs aber über lange Zeit geschlossen und wirkt dabei wie ein nadeldünner Stachel.

Maße des adulten Weißbürzelseglers [7]

Körperlänge (Schnabel-Schwanz)	140 mm
Flügellänge	135–145 mm
Spannweite	keine Angaben
Gewicht	18–30 g

Der Weißbürzelsegler ist im Allgemeinen wenig ruffreudig, vor allem im Vergleich mit dem Haussegler. Der Ruf ist ein zwitschernder Triller, der an Fledermäuse erinnert: «sip-sip-sip-siep-sip-sip» [7].

Vorkommen und Bestand

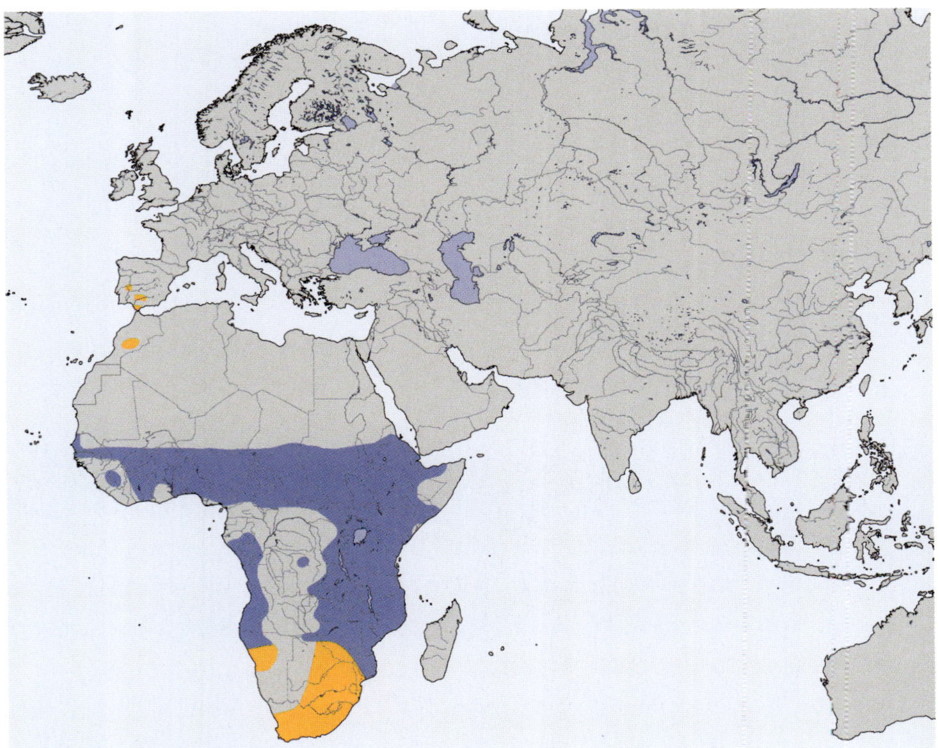

Verbreitung des Weißbürzelseglers

- Sommeraufenthalt
- ganzjährig und Winteraufenthalt der Zugvögel

Hauptverbreitungsgebiet ist das zentrale Afrika. Nördlich des Äquators gibt es seit einigen Jahrzehnten Vorkommen in Marokko, seit den 1960er-Jahren spärliche Vorkommen in Portugal und Südspanien. Ein erster Brutnachweis in dieser Region gelang 1966. Seitdem erfolgte eine langsame Verbreitung in Spanien in östlicher Richtung bis Almeria und Madrid, schließlich in die Provinz Salamanca [7, 24].

Seit 2020 brüten in Umbriatico in Kalabrien (Italien) ein bis zwei Paare [35].

Bestand: Die europäische Population wird auf 110 bis 200 Paare mit 220 bis 400 Individuen geschätzt (BirdLife International 2022). Der Weltbestand ist unbekannt (BirdLife International).

Verhalten/Lebensraum

Weißbürzelsegler nehmen gern die Nester anderer Arten in Besitz, die vor allem an Brücken und Gebäuden brüten. Somit ist auch diese Art zum Kulturfolger geworden; andere, natürliche Vorkommen sind heute selten. Die Rötelschwalbe gehört zusammen mit anderen Schwalben und dem Haussegler zu den bevorzugten «Lieferanten» von Nistplätzen. Besiedelt werden sowohl trockene Savannen als auch Wälder am Äquator. Im Hohen Atlas findet sich die Art bis in eine Höhe von 2500 m ü. M.

Brutbiologie

Die Verbreitung über einen weiten Bereich von der Südhalbkugel über den Äquator bis in nördlichere Zonen wie Marokko oder Südeuropa bringt es mit sich, dass die Art gebietsabhängig zu unterschiedlichen Zeiten brütet: in Marokko im Juli, in Angola im Januar/Februar bzw. August und Oktober (2 Bruten), in Südafrika zwischen Oktober und Januar.

Die Nestübernahme geschieht oft in Gruppen bis zu sechs Vögeln, die sich in Anwesenheit des Nestbesitzers an ein Nest hängen. Zuweilen besetzen die Segler ein bezugsbereites Nest auch in Abwesenheit des Erbauers und passen dann den Nesteingang ihren Bedürfnissen an. Nistplatztreue ist bis zu einer Dauer von neun Jahren nachgewiesen, Partnertreue bis zu drei Jahre.

Im Alter von zwei Jahren beginnen die Vögel zu brüten. In Teilen des Brutgebiets gibt es zwei, in Tansania bis zu drei Jahresbruten. Wie bei den Mauer- und Alpenseglern beträgt die Gelegegröße ein bis drei Eier. Brut- und Nestlingszeit sind gleich wie beim Mauersegler, dauern aber in Südafrika um ein Zehntel länger. Der Bruterfolg variiert zwischen 57 Prozent in Südafrika und 76 Prozent in Tansania (alle Angaben [7]).

Haussegler *(Apus affinis)*

Der Schwanz des Hausseglers ist in geschlossenem Zustand gerade «abgeschnitten».

Beschreibung

Der Haussegler ist die kleinste Art der Gattung *Apus*. Das beste Merkmal für die Identifikation ist die Schwanzform: gerade «abgeschnitten» im geschlossenen und gerundet im offenen Zustand – bei den Seglerartigen eine Ausnahmeerscheinung. Der Rumpf erscheint kompakt und eher breit, die Flügel sind relativ kurz und etwas stumpf. Im dunklen Federkleid, das auf der Unterseite schwarz erscheint, fallen der große weiße Kehlfleck und das breite weiße Band am Bürzel auf. Der Flug ist weniger elegant als der anderer *Apus*-Arten, es gibt lange Gleitphasen [7].

Maße des adulten Hausseglers [7]

Körperlänge (Schnabel–Schwanz)	120 mm
Flügellänge	133–141 mm
Spannweite	keine Angaben
Gewicht	im Mittel 25 g (18–30 g)

Die Art ist ruffreudig. Der am häufigsten gehörte Ruf ist ein raues, schnelles, perlendes Trillern, etwa wie «der-der-der-dit-derdiddidu». Eine große Vielfalt dünner Rufe ist vor allem in der Umgebung des Nistplatzes zu hören [7].

Vorkommen und Bestand

Der Haussegler hat seine hauptsächliche Verbreitung in Afrika südlich der Sahara mit Ausnahme der trockensten Gebiete. Dank der Gewöhnung an die Nähe menschlicher Siedlungen im 20. Jahrhundert haben die Bestände stark

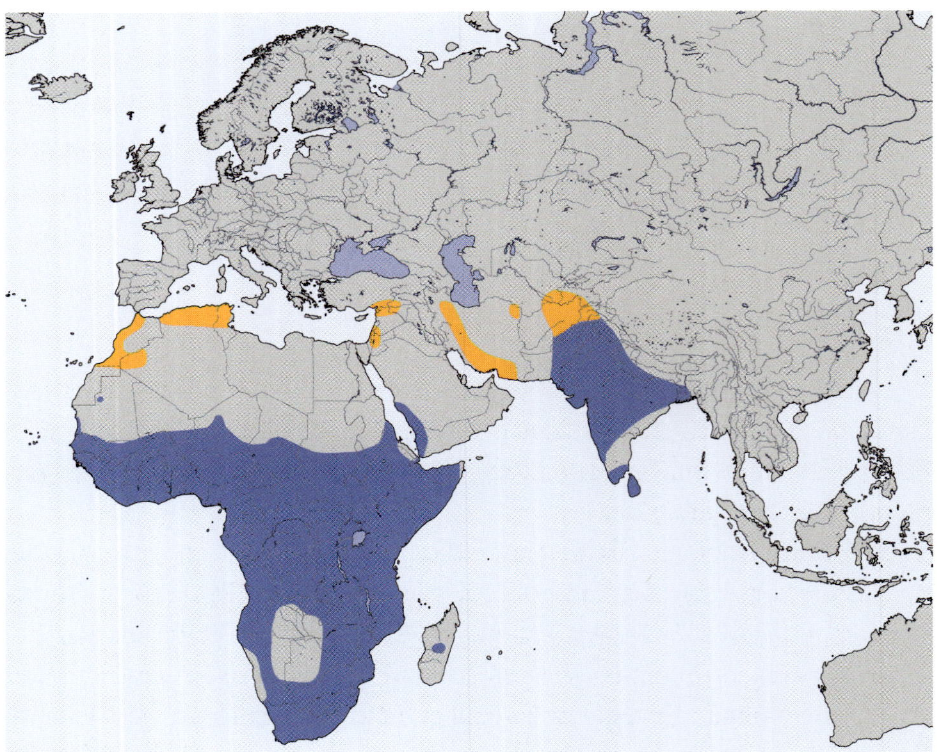

Verbreitung des Hausseglers

- Sommeraufenthalt
- ganzjährig und Winteraufenthalt der Zugvögel

zugenommen. Weitere Vorkommen befinden sich in Israel und im Westjordanland, im Südwesten der Arabischen Halbinsel, im Iran, in Pakistan und vor allem in Indien (dort ist er in Städten sehr häufig). In der Westpaläarktis kommt er nur vereinzelt in Marokko, verstreut in Algerien und Tunesien vor.

In Europa wurde vor Kurzem Spanien besiedelt. An einzelnen Standorten wurde ein Brutnachweis erbracht.

Die Segler in tropischen Gebieten sind Standvögel, im äußersten Norden und Süden Zugvögel [7].

Das Vorkommen des Hausseglers umfasst ein sehr großes Gebiet von etwa 60,6 Millionen Quadratkilometern.

Bestand: Der Weltbestand ist nicht bekannt, scheint aber im Steigen begriffen. (Quelle: BirdLife International [2023] Species factsheet: *Apus affinis*. Downloaded from datazone.birdlife.org/species/factsheet/little-swift-apus-affinis, abgerufen am 26.10.2023)

Verhalten/Lebensraum

Der Haussegler bevorzugt gemäßigt warme, subtropische und äquatoriale Breiten, er vermeidet im Allgemeinen aride (trockene, wüstenhafte) Gebiete. Meist brütet er ausschließlich in vom Menschen geschaffenen Lebensräumen und wird selten weitab der Siedlungen angetroffen. Er gehört so zum vertrauten Stadtbild in vielen afrikanischen und indischen Städten. In einigen Gegenden werden aber auch noch natürliche Brutplätze wie Schluchten, Felsbänder in den Bergen und Hügeln und Klippen genutzt. Auf der Futtersuche entfernt er sich 15–20 km vom Brutstandort und kann so in verschiedenen Lebensräumen beobachtet werden, auch bis in große Höhe (3000 m ü. M. in Kenia) [7].

Brutbiologie

Je nach Breitengrad und Klima variieren die Daten der Brutzeit in Afrika sehr stark und verteilen sich so auf das ganze Jahr. In einigen Regionen mit zwei Regenzeiten gibt es zwei Brutsaisons. Im tropischen Regenwald und in Liberia brütet er ganzjährig.

Der Haussegler ist ein Koloniebrüter, normalerweise mit weniger als 30 Nestern, aber mit Ausnahmen: An einem einzigen Gebäude in Ghana wurden ungefähr 1000 Nester festgestellt. Zwei oder drei Vögel können Eier im selben Nest ablegen. Dieses wird häufig im Winkel zwischen Dach und Hausmauer gebaut. Es wirkt äußerlich unordentlich, innen ist es halbkugelförmig. Die Gelegegröße beträgt wie beim Mauersegler ein bis drei Eier, die Dauer der Eiablage vier bis fünf, die Brutdauer 22 bis 24 Tage [7].

Anhang

Vorhergehende Doppelseite:
Alpensegler in Freiburg in Breisgau

Literaturverzeichnis

1 ÅKESSON, S. & al. (2012): Migration Routes and Strategies in a Highly Aerial Migrant, the Common Swift *Apus apus*, Revealed by Light-Level Geolocators. PLoS ONE 7: e41195. DOI:10.1371/journal.pone.0041195

2 ÅKESSON, S. & al. (2020): Evolution of chain migration in an aerial insectivorous bird, the common swift *Apus apus*. Evolution 74 (10): 2377–2391. DOI:10.1111/evo.14093

3 ARN-WILLI, H. (1960): Biologische Studien am Alpensegler. Verlag Vogt-Schild, Solothurn

4 ATKINSON, P. & HEWSON, C. (2012): Swifts start to share their secrets. BTO News. May–June 2012, pp. 16–17

5 BEICHERT, K. W. (2003): Der Mauersegler Vogel des Jahres 2003. Naturschutz heute 35 (1/03): 13–15

6 BEKLOVA, M. (1976): Contribution to the characteristics of population dynamics of certain hemi-synanthropic species of birds in Czechoslovakia. Zoologické listy 25: 147–155

7 CHANTLER, P. & DRIESSENS, G. (1999): Swifts: a guide to the swifts and treeswifts of the world. Pica Press, Sussex

8 CIGLER, P. & al. (2024): Trypanosomiasis: An emerging disease in Alpine swift (*Tachymarptis melba*) nestlings in Switzerland? International Journal for Parasitology: Parasites and Wildlife 23: 100895. DOI:10.1016/j.ijppaw.2023.100895

9 CORNUET, J.-F. (2020): Contribution of slow motion video for an in flight behavioral study in the Common Swift *(Apus apus)* during the breeding period, Part 2 Foraging. Plume de Naturalistes 4: 139–206

10 DOKTER, A. M. & al. (2013): Twilight ascents by common swifts, *Apus apus*, at dawn and dusk: acquisition of orientation cues? Animal Behaviour 85 (3): 545–552. core.ac.uk/download/pdf/82226437.pdf

11 FERRI, M. (2014): La tutela delle ultime rondonare e passerere artificiali storiche, tra eredità storico-architettoniche e suggerimenti gestionali per la conservazione e per le attività di ricerca su Rondoni *Apus sp.* e Passeri *Passer sp.* Atti del XVI Convegno Italiano di Ornitologia: 494–499

12 FERRI, M. (2018): Le «rondonare»: come attrarre i rondoni negli edifici, dal Medioevo ai nostri giorni. Atti della Società dei Naturalisti e Matematici di Modena 149: 181–223

13 FRÉDÉRIC, L. (1994): Le martinet noir. Collection Approche. Eveil Editeur, Saint Yrieix

14 GENTON, B. & JACQUAT, M. (2014): Martinet noir: entre ciel et pierre. Cahiers du MHNC ; No. 15. Editions de la Girafe, La Chaux-de-Fonds

15 GERBER, M. (2014): Factors affecting the choice of foster nests in chicks of Alpine swift (*Tachymarptis melba*). Master thesis in Environmental Science ETH, Eidgenössische Technische Hochschule Zürich

16 GIRTANNER, A. (1902): Eine zerstörte Kolonie des Alpenseglers (*Apus melba*). Der Ornithologische Beobachter 1. Jahrgang: 376–388

17 GLUTZ VON BLOTZHEIM, U. N. (1980): Handbuch der Vögel Mitteleuropas. Band 9. Columbiformes – Piciformes. Aula-Verlag, Wiesbaden

18 HALLMANN, C. A. (2017): More than 75 percent decline over 27 years in total flying insect biomass in protected areas. PLoS ONE 12 (19): e0185809. doi.org/10.1371/journal.pone.0185809

19 HEDENSTROEM, A. & al. (2016): Annual 10-Month Aerial Life Phase in the Common Swift *Apus apus*. Current Biology 26 (22): 3066–3070. doi.org/10.1016/j.cub.2016.09.014

20 HEDENSTROEM, A. & al. (2022): Moonlight drives nocturnal vertical flight dynamics in black swifts. Current Biology 32 (8): 1875–1881. doi.org/10.1016/j.cub.2022.03.006

21 HENNINGSSON, P. & al. (2010): How swift are swifts *Apus apus*? Journal of Avian Biology 41: 94–98. DOI:10.1111/j.1600-048X.2009.04850.x

22 KAISER, E. (1992): Populationsdynamik einer Mauersegler- *Apus apus* Kolonie unter besonderer Berücksichtigung der Nichtbrüter. Die Vogelwelt 113: 71–81

23 KAISER, E. (1984): Neue Erkenntnisse über das Ausfliegen junge Mauersegler *(Apus apus)*. Die Vogelwelt 105: 146–152

24 KEARSLEY, L. (2013): The winter movements of a pair of swifts. actionforswifts.blogspot.com/2013/03/the-winter-movements-of-pair-of-swifts.html

25 KELLER, V. & al. (2020): European BreedingBird Atlas 2: Distribution, Abundance and Change. European Bird Census Council & Lynx Editions, Barcelona

26 KNAUS, P. & al. (2018): Schweizer Brutvogelatlas 2013–2016. Schweizerische Vogelwarte, Sempach

27 LIECHTI, F. & al. (2013): First evidence of a 200-day non-stop flight in a bird. Nature Communications 4: 2554. doi.org/10.1038/ncomms3554

28 MAYR, G. & Peters, D.S. (1999): On the systematic position of the Middle Eocene swift *Aegialornis szarskii* Peters 1985 with description of a new swift-like bird from Messel (Aves Apodiformes). Neues Jahrbuch für Geologie und Paläontologie, Monatshefte, 1999 (5): 312–320

29 MAYR, G. (2015): Skeletal morphology of the middle Eocene swift *Scaniacypselus* and the evolutionary history of true swifts (Apodidae). Ornithol 156, 441–450. doi.org/10.1007/s10336-014-1142-9

30 MEIER, C. M. & al. (2020): Population-specific adjustment of the annual cycle in a super-swift trans-Saharan migrant. Journal of Avian Biology 2020: e0215. DOI:10.1111/jav.02515

31 MEIER, C. M. & al. (2018): What makes Alpine swift ascend at twilight? Novel geolocators reveal year-round behaviour. Behavioral Ecology and Sociobiology 72 (3): 45. DOI:10.1007/s00265-017-2438-6

32 PELLEGRINI, I. & al. (2017): So similar and yet so different: taxonomic status of Pallid Swift *Apus palllidus* and Common Swift *Apus apus*. Bird Study Vol. 64, 2017 – Issue 3. doi.org/10.1080/00063657.2017.1359235

33 PERRINS, C. M. (1971): Age of first breeding and adult survival rates in the Swift. Bird Study 18 (2): 61–70. DOI:10.1080/00063657109476297

34 PETERS, D. S. (2003): Die eozäne Avifauna von Messel in ökologischer Sicht. Ökologie der Vögel 25, 195–214

35 PUCCI, M. & al. (2022): Prima nidificazione di Rondone cafro Apus caffer in Italia. Alula 29 (1–2): 140–143

36 RATTENBORG, N. C. (2017): Sleeping on the wing. Interface Focus 7 (1): 20160082. DOI:10.1098/rsfs.2016.0082

37 ROBINSON, R. A. et al. (2020): Survival varies seasonally in migratory bird: Linkages between breeding and non-breeding periods. Journal of Animal Ecology 89 (9): 2111–2121. DOI:10.1111/1365-2656.13250

38 RÜPPELL, G. (1975): Vogelflug. Kindler Verlag, München

39 SCHMID, H. (2005): Hinweise auf reguläre Zweitbruten beim Mauersegler *Apus apus*. Ornithologischer Beobachter 102: 47–48

40 SCHMID, H. (1995): Schwalben und Segler. Schweizerische Vogelwarte, Sempach

41 SIBLEY, C. G. & AHLQUIST, J. E. (1990): Phylogeny and classification of birds: a study in molecular evolution. Yale University Press, New Haven/London

42 SPRÜNGLI, D. (ca. 1721–1801): Ornithologia Helvetica, Bände 1–3. Manuskript, Burgerbibliothek Bern, Signatur Mss.h.h. LI.230–232

43 TIGGES, U. (1999): Spatial behaviour of the Common Swift (*Apus apus*). APUSLife, No 0061. www.commonswift.org/0061TiggesU.html

44 TIGGES, U. (2007): The Phenology of the Common Swift *Apus apus* in Eurasia and the Problem of Defining the Duration of their Stay. Podoces, 2 (2): 127–140

45 WEITNAUER, E. (1975): Lebensdauer, Partnertreue, Ortstreue sowie Fernfunde beringter Mauersegler *Apus apus*. Ornithologischer Beobachter 44: 87–100

46 WEITNAUER, E. (1980): Mein Vogel – Aus dem Leben des Mauerseglers. Mehrere Ausgaben, darunter die 6. von 2005. Basellandschaftlicher Natur- und Vogelschutzverband, Liestal

47 WELLBROCK, A. & al. (2013): Energiesparen mal anders – Heterothermie beim Mauersegler *Apus apus* während der Brutsaison. Vogelwarte 51 (4): 273–274

48 WELLBROCK, A. & al. (2015): «The same procedure as last year?» – Wiederholte Aufzeichnung individueller Zugrouten und Überwinterungsgebiete von Mauerseglern *Apus apus*. Vogelwarte 53 (4): 378–379

49 WELLBROCK, A. & al. (2017): ‹Same procedure as last year?› Repeatedly tracked swifts show individual consistency in migration pattern in successive years. Journal of Avian Biology 48 (6): 897–903. DOI:10.1111/jav.01251

50 WELLBROCK, A. & al. (2017): Mauersegler am Biggesee im Fokus der Forschung. Natur in NRW 1: 16–19

51 ZEHNTNER, L. (1894): Biologisches über Cypselus melba. Katalog der schweizerischen Vögel, Band 2: 145–152. Francke, Bern

52 www.nabu.de/tiere-und-pflanzen/aktionen-und-projekte/vogel-des-jahres/2003-mauersegler/00909.html)

53 www.nabu.de/tiere-und-pflanzen/aktionen-und-projekte/vogel-des-jahres/2003-mauersegler/00937.html

54 E-Mail-Korrespondenz zwischen dem Autor und Christoph Meier (Juli 2024): Persönliche Mitteilungen, Grafiken (exklusiv für diese Publikation erstellt), Bildmaterial

55 MEIER, S. (2024): Brutverhalten von zwei Mauerseglerpaaren *Apus apus* in Laufen in der Nordwestschweiz. Ornithologischer Beobachter 121 (4): 348–358

Bildnachweis

AdobeStock: avs_lt: 44; Rolf Müller: 100/101; tomasztc: 199
Alamy Stock Foto: Stephen Hyde: 55; Vicimages: 157
Blickwinkel: AGAMI/R. Schols: 2, 13 links, 16, 27, 56/57, 61, 67, 70, 202; AGAMI/D. Occhiato: 6/7, 165; McPHOTO/M. Schaef: 13 rechts, 76; M. Woike: 30, 209; D. Mahlke: 78, 79; R. Sturm: 96, 169; Hecker/Sauer: 111, 118, 130; A. Welzel: 115; AGAMI/R. Martin: 138/139, 144, 212/213; A. Hartl: 163; AGAMI/S. Gatto: 164; W. Willner: 187; M. Henning: 190; AGAMI/V. Legrand: 206
Dreamstime: Tassos1966: 17; Yuriy Balagula: 19 links; Mikalay Varabey: 19 rechts; Lee Amery: 71; Whpics: 87; Benkrut: 154/155; Deanpictures: 159; Michelangelo Oprandi: 173; Andrii Biletskyi: 178; Tomasztc: 180/181; Evgeniyqw: 222/223
Engeler Alfred:14 unten, 107, 167, 175, 176, 177, 182, 188, 189, 192, 193
Ferri Mauro: 153
Frei Philippe: 140
Georgy Alain: 135, 136, 137
Imago: Agami: 43, 64; imagebroker: 88, 89, 103; Pond5 Images: 99
iStock.com: Dr-MYM: 14 oben; AGAMI stock: 28/29; avs_lt: 38/39; perez rayego: 52, 74; Adrian Eugen Ciobaniuk: 75; Savany: 91; MATTHIASRABBIONE: 105; Astakhova: 133; anmbph: 196
mauritius images: Hans Reinhard: 124
Nature in Stock: Marcel van Kammen: 9, 179; Roger Tidman/FLPA: 10/11, 25, 82/83, 92; David Hosking/FLPA: 35; Tony Hamblin/FLPA: 49; Robin Chittenden/FLPA: 68; David Tipling/FLPA: 97; Desmond Dugan/FLPA: 102; Mathias Schaef/BIA: 104; Mike Jones/FLPA: 117; John Hawkins/FLPA: 121, 171; Mathias Schaef/BIA/Minden Pictures: 132; Bill Baston/FLPA: 219
Nature Picture Library: Jose B. Ruiz: 15; Graham Eaton: 20/21; Phil Savoie: 37, 60; Nick Upton: 69, 80, 81, 119, 129, 185, 195; Bengt Lundberg: 122; David Tipling: 160/161; Richard Du Toit: 200/201
Roggel Klaus: 59, 65, 73 alle, 77, 85, 109, 120, 127, 128
Shutterstock: Dilomski: 40, 113; ColorMaker: 150/151
A. Trepte | www.avi-fauna.info: 22, 24, 204, 207, 210
Vogelwarte Sempach: 142
Wellbrock Arndt/Witte Klaudia: 147, 148, 149
Wikimedia Commons: Thesupermat/CC BY-SA 3.0: 152

Alpensegler mit Nistmaterial auf dem Heimflug zu seinem Nest.

Dank

Ohne die Unterstützung und Hilfe anderer Menschen wäre dieses Buch so nicht möglich gewesen. Mein Dank geht an eine ganze Reihe von Personen.

Dr. Christoph Meier danke ich für seine Beiträge zum Alpensegler. Er hat mir, vor allem per E-Mail, viele sehr wertvolle Informationen geliefert und einige Grafiken für diese Publikationen kreiert.

Dr. Michael Göring und Dr. Karl Wilhelm Beichert haben mein Manuskript einer ersten Lesung unterzogen und mir durch ihre Hinweise wertvolle Dienste erwiesen. Ihre Einschätzung hat mich in meiner Arbeit bestätigt.

Herrn Wellbrock und Frau Professor Witte von der Universität Siegen danke ich für die spontane Unterstützung mit Karten- und Bildmaterial.

Jacques Laesser von der Vogelwarte Sempach hat geduldig meine Anfragen weitergeleitet und mich mit wichtigen Informationen und Material versorgt.

Ohne meine liebe Frau hätte ich mich nicht an das Projekt gewagt. Sie hat mich dazu ermuntert und war mir immer eine Stütze. Auch sie hat mir wertvolle Hinweise gegeben, die wesentlich zur Verbesserung des Manuskripts beigetragen haben.

Herr Lind vom Haupt Verlag fragte mich für das Projekt an und gab mir auch den Mut, es zu versuchen. Frau Bortot hat mich durch die diversen Phasen der Entstehung des Buches begleitet und mir Rückmeldungen gegeben, die mich anspornten und weiterbrachten.

Frau Wissmann hat das Manuskript sehr sorgfältig durchgearbeitet und mir enorm geholfen, es inhaltlich und sprachlich wesentlich zu verbessern.

Autor und Verlag danken der Gemeinde Köniz für die finanzielle Unterstützung zur Herausgabe dieses Buches.

Gemeinde Köniz, Direktion Umwelt und Betriebe

Gemeinde
Köniz

Stichwortverzeichnis

Nachfolgende Doppelseite: Welche Seglerart hier abgebildet ist, kann nicht genau zugeordnet werden. Der Silhouette nach können es Mauersegler sein. Um welche Seglerart es sich auch immer handelt – ein solcher Massenauftritt ist beeindruckend und schön.

Alfred Engeler ist pensionierter Sekundarlehrer und Segler-Spezialist. Die Liebe zu den Vögeln und besonders zu den Mauerseglern begleitet ihn seit seiner Kindheit. Seit den 1980er-Jahren widmete er seine Freizeit der Beratung beim Erhalt oder bei der Neuschaffung von Nistplätzen. Er war über 30 Jahre lang Vorstandsmitglied des Vereins «Berner Ala» (heute BirdLife Bern) und betreute das Ressort Seglerschutz.

1. Auflage: 2025

ISBN 978-3-258-08410-7

Umschlaggestaltung, Gestaltung und Satz: pooldesign.ch
Lektorat: Jorunn Wissmann, D-Binnen

Umschlag vorne: Mauersegler fliegt tief über der Wasseroberfläche und trinkt,
© blickwinkel/AGAMI/R. Schols;
Umschlag hinten: Alpensegler im Flug, © blickwinkel/AGAMI/R. Martin

Wir drucken mit mineralölfreien Farben und verwenden FSC®-zertifiziertes Papier.
FSC® sichert die Nutzung der Wälder gemäß sozialen, ökonomischen und ökologischen Kriterien.
Gedruckt in Estland

FSC www.fsc.org MIX Fördert gute Waldnutzung FSC® C107832

Diese Publikation ist in der Deutschen Nationalbibliografie verzeichnet.
Mehr Informationen dazu finden Sie unter http://dnb.dnb.de.

Der Haupt Verlag wird vom Bundesamt für Kultur für die Jahre 2021–2025 unterstützt.

© Shutterstock, Huza Studio

Wir verlegen mit Freude und großem Engagement unsere Bücher. Daher freuen wir uns immer über Anregungen zum Programm und schätzen Hinweise auf Fehler im Buch, sollten uns welche unterlaufen sein.

Haupt Verlag AG
Falkenplatz 14
3012 Bern
SCHWEIZ
herstellung@haupt.ch
www.haupt.ch

Verantwortlich in der EU (GPSR):
Brockhaus Kommissionsgeschäft GmbH
Kreidlerstr. 9
70806 Kornwestheim
DEUTSCHLAND
haupt@brocom.de